# 超声速飞行器的激光空气锥减阻方法

洪延姬　李　倩　王殿恺 等　编著

科学出版社

北京

# 内 容 简 介

　　激光空气锥减阻方法是一种利用激光在超声速飞行器前端聚焦沉积能量,从而减小飞行器波阻的新概念减阻方法。本书比较全面地介绍超声速飞行器激光空气锥减阻方法的研究现状和应用前景,系统地总结作者十多年来在激光空气锥减阻方面的研究成果,着重介绍激光空气锥减阻的理论基础,激光空气锥减阻的理论分析、数值模拟和实验测量方法,不同飞行器构型条件下单脉冲激光、连续激光和高重频激光三种激光注入方式下的减阻性能,以及基于关键无量纲参数的激光空气锥减阻机理与减阻规律。

　　本书可作为航空宇航科学与技术专业及空气动力学专业高年级本科生、研究生的教材,也可供相关专业技术人员提供参考。

**图书在版编目(CIP)数据**

超声速飞行器的激光空气锥减阻方法 / 洪延姬等编著 . —北京:科学出版社,2016
　ISBN 978-7-03-049113-8

　Ⅰ.①超⋯　Ⅱ.①洪⋯　Ⅲ.①超音速飞行器-激光-空气-减阻-研究
Ⅳ.①V47

中国版本图书馆 CIP 数据核字(2016)第 142148 号

责任编辑:张艳芬 / 责任校对:桂伟利
责任印制:张　倩 / 封面设计:蓝　正

**科 学 出 版 社** 出版
北京东黄城根北街 16 号
邮政编码:100717
http://www.sciencep.com

**中国科学院印刷厂** 印刷

科学出版社发行　各地新华书店经销

*

2016 年 6 月第　一　版　开本:720×1000　1/16
2016 年 6 月第一次印刷　印张:15
字数:292 000

**定价:128.00 元**
(如有印装质量问题,我社负责调换)

# 前　　言

从人类发明空气动力飞行器开始,如何有效减小阻力就成为飞行器设计中的重要问题。减小 1% 的阻力,有效载荷可以提高 5%～10%。当速度达到超声速时,激波阻力甚至可达到总阻力的一半以上。对于以高超声速巡航的飞行器,由普遍存在的强激波系统产生的波阻占总巡航阻力的 2/3。因此,对超声速飞行器而言,减小波阻成为不可回避的重要问题之一。

早在 20 世纪 50 年代,研究者们就想到在钝头体前安装支杆,使原来阻力较大的弓形激波转变成阻力较小的斜激波。结果表明,此方法可以有效改变弓形激波的结构,减小钝头体的波阻。然而,此方法也面临很多挑战,如支杆表面温度过高,导致其被烧蚀,减小波阻的同时也增大了摩阻,在有攻角的情况下会产生额外的力矩等。随着进一步的研究,发现利用等离子体技术可以避免上述减阻方式存在的问题,且可获得较好的减阻效果,在一定条件下还可以降低钝头体表面的热流,增加升力。根据等离子体作用机制的不同,可将其分为逆向喷流减阻、边界层控制减阻及局部能量沉积减阻。其中,局部能量沉积减阻是在飞行器前端轴线上的某特定区域内注入能量(激光、微波等),通过能量沉积产生等离子体在流场中演化,形成的高温低密度区与头部弓形激波相互作用,改变飞行器头部的激波结构,从而改变飞行器头部表面的压力分布,达到减小波阻的目的。由于激光具有方向性好、亮度高等优点,在空气中能量损失较小且较其他方式更容易击穿空气形成等离子体,随着激光器的小型化,激光能量沉积减阻逐渐成为减小超声速飞行器波阻的重要方式之一。

本书系统介绍超声速飞行器的激光空气锥减阻方法,研究单脉冲激光、连续激光和高重频激光三种激光注入方式下飞行器的减阻机理及减阻规律,最后提炼影响激光空气锥减阻性能的关键无量纲参数,以期为相关技术人员更进一步的研究提供参考。

全书由洪延姬负责制定编著大纲和写作方案,李倩、王殿恺、文明、赵文涛、金星、窦志国负责具体撰写内容。本书内容是激光推进及其应用国家重点实验室研究方向之一,即等离子体主动流动控制与推进技术研究方向相关人员集体智慧的结晶,主要为实验室研究人员和研究生近几年的研究成果。博士研究生方娟和硕士研究生刘准在数值模拟方面做了大量工作,卿泽旭、张鹏、沈双晏、刘毅、邓同晔等研究生在文献收集、插图绘制等方面做了许多工作,在此向他们表示感谢。同时感谢科学出版社对本书出版的支持和帮助。

本书作者在从事的相关科研项目研究基础之上,进行了大量的调查研究,数易其稿,形成此书。限于作者水平,书中难免存在不足之处,恳请同行专家及广大读者提出宝贵的修改意见。

# 目　　录

# 第1章 绪 论

本章主要从空气动力学角度对超声速飞行器进行简要介绍,重点关注超声速飞行器所受的阻力及常用的减阻方法。对大多数人而言,激光空气锥减阻是一种较为新颖的减阻方法,因此有必要梳理国内外针对这项技术的研究现状,分析其应用前景。

## 1.1 超声速飞行器减阻概述

### 1.1.1 超声速空气动力学的三个法则

1947 年 10 月 14 日,耶格尔在 X-1 的马赫仪显示 0.83、0.88 与 0.92 的刻度时分别进行过机尾水平尾翼的角度调整,发现小幅度的尾翼角度调整能够有效控制机身运动。在将平尾偏转 2°的状态下,耶格尔成功加速飞机穿越了声障,这是人类首次脱离声音的束缚进入超声速的领域。耶格尔,美国退役空军准将,持有"王牌"(Ace)称号的第二次世界大战空军英雄,美国空军与 NASA 试飞员,第一个突破声障的人,被认为是 20 世纪人类航空史上最重要的传奇人物之一[1]。由此,人类开辟了研究超声速流动的新纪元。

在研究超声速流动的过程中,必须遵循超声速空气动力学三个最重要的基本法则[2]。

(1)禁讯法则:由于微弱扰动是以声速传播的,因此物体在流场中因超声速运动而产生的气体参数变化不会传播到物体之前,这一点是亚声速与超声速的本质区别之一。

(2)寂静区与影响区:扰动的传播情况如图 1-1 所示。图 1-1(a)中,扰动源固定不动,此时微弱扰动是向各个方向传播开的,波面为球面,球心与扰动原点的位置重合。若扰动源是运动的,则当其运动速度低于微弱扰动传播的速度,即声速时,其传播示意图如图 1-1(b)所示;图 1-1(c)和图 1-1(d)分别为扰动源以等于声速和大于声速传播的情形。可以看出,在最后一种情况下,一切影响都局限在包含所有传播球面的圆锥之内,圆锥之外的区域称为叫做寂静区。该圆锥为扰动锥,又称为马赫锥,马赫锥的顶点就是扰动源,其圆锥角的一半称为扰动角,又称为马赫角

$\mu$。由图 1-1(d)可知, $\sin\mu = 1/Ma$。由该法则可知, 在超声速流动中, 静止扰动源所产生的压力波, 只能达到从该点往下游延展的马赫锥的界面上或其内部。

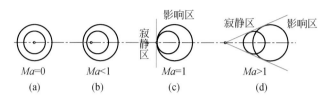

图 1-1　扰动传播情况示意图

(3)集中作用法则:该法则表示亚声速和超声速运动之间的另一种特征差别。图 1-1(a)~(d)定性地显示了各种不同情况下压力波传播速度的分布情形。亚声速时,压力波的影响不仅随着距离扰动源越来越远而减弱,而且向四周扩散;而超声速时,大部分压力波的影响集中在马赫锥附近,它构成了影响区的限制边界。

### 1.1.2　阻力的分类

超声速飞行器飞行时,必然受到空气阻力的作用,其阻力根据空气作用于飞行器表面应力的角度可以分为摩擦阻力和压差阻力两种[3],切向力即为摩擦阻力,法向力即为压差阻力,如图 1-2 所示。摩擦阻力的大小主要由边界层的层流或湍流状态决定,通过抑制湍流流动,尽量扩展层流的流动范围可以有效减小摩擦阻力。压差阻力根据是否由黏性产生又可以分为形阻、升力诱导阻力和零升力阻力。升力诱导阻力又可以分为涡阻和升力产生的激波阻力(简称波阻),零升力阻力主要是指体积波阻。

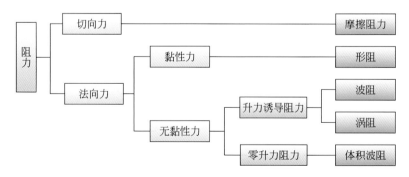

图 1-2　超声速飞行器所受阻力的分类

当飞行器的速度达到高超声速时,波阻最大,可占全部阻力的一半以上,对于以高超声速巡航的飞行器,由普遍存在的强激波系统产生的波阻占总巡航阻力的 2/3[4]。可见,随着飞行马赫数的提高,波阻急剧增大,这将严重影响飞行器的气动性能,且在相同的航速和航程下,需要消耗更多的燃料,因此,减小波阻势在必行。

### 1.1.3　常用的减阻方法

减小超声速飞行器的波阻可以显著地提高飞行器的气动性能、节省燃料、增加航程。目前减小波阻的方法主要有在飞行器前端安装针状物、逆向喷流和能量沉积(包括电弧放电[5-8]、激光[9-11]、微波[12-14]……)等。早在 20 世纪 50 年代,Moechel 就提出在钝头体前安装针状物从而减弱激波强度,随后很多研究者开展了关于该方法的研究,研究结果表明波阻可以减小 50% 甚至更多[15-20]。逆向喷流是在飞行器的前缘或其他强激波点安装一个或几个等离子体发生器,利用电弧放电产生等离子体,迎面射向来流,通过逆向等离子体射流击退前缘激波,使其远离飞行器,以此来减小飞行器的波阻[21-29]。由于可以对喷流的开关进行控制且喷流发生器位于飞行器内部,并且该方法不影响飞行器的气动外形,因此受到国内外研究者们的广泛重视。通过对喷流等参数进行优化,波阻可减小到原波阻的 45%,而且该方法在有效减小波阻的同时还降低了飞行器钝头体前缘表面的热流。

在众多减小波阻的方法中,前缘安装针状物的方法从研究初期至今一直受到广泛关注。美国洛克希德·马丁空间系统公司、波音公司和通用动力公司联合设计的新一代重型隐形战斗机 F-22(巡航马赫数为 1.82)在前缘安装了空速管,其照片及前缘放大图如图 1-3 所示。该超声速飞行器前缘的空速管不仅可用于测量飞行速度、姿态等,更重要的作用是产生导向性激波干扰,减小超声速巡航条件下的激波阻力。

图 1-3　F-22 战斗机照片及前缘放大图

然而研究者们发现,当飞行速度较高时,针状物表面温度过高,导致其极易被烧蚀[30];针状物的出现也破坏了飞行器的气动外形,在飞行器机动时,会产生俯仰或偏航力矩。研究者们发现,为了克服针状物的固有缺陷,可以在钝头体前利用空气形成空气锥(air-spike),这样不仅可以减小超声速飞行器波阻,同时还避免了安装针状物带来的弊端。其原理是在飞行器前特定的区域内注入能量,增大来流总压损失,改变飞行器前缘的流场结构,从而改变钝头体前缘表面的压力分布,达到减小飞行器波阻的目的[31-38]。研究结果表明,这种能够形成空气锥的能量沉积方法在大幅降低超声速飞行器波阻(阻力可以减小70%[39])的同时,还可以有效地减少热流。

空气锥减阻实验研究中采用的能量沉积方式主要有高压脉冲放电、微波、单脉冲激光及高重频激光等。表1-1对各种能量源的性能及优缺点进行了比较,为选择合适及实用的能量沉积方式提供依据。

由表1-1中可以看出,高压脉冲放电的电极结构易对流场产生干扰,且本身易烧蚀,微波功耗较大,激光由于方向性和可控性好被认为是减小超声速飞行器波阻的首选能量源,可以通过在超声速流场中注入激光能量产生空气锥以达到减小波阻的目的。激光空气锥减阻方法目前还处于起步阶段,非常值得深入探索和研究。

**表 1-1　几种能够形成空气锥的能量源的比较**

| 能量源 | 研究小组 | 性能参数 | 优缺点 |
|---|---|---|---|
| 高压脉冲放电 | Myrabo[41-43] | 输出功率16kW,电极直径2mm,两电极间距1.6mm | 可用于机理实验验证,实现相对简单;功率相对较大,电极易烧蚀,电极结构对流场产生干扰 |
| 微波 | Knight[44-49] | 带宽12GHz,脉冲功率200kW,脉宽1.5ms,重复频率500Hz | 微波发生器实现相对容易;功耗较大 |
| 单脉冲激光 | Myrabo[9,31,50,51] | $CO_2$激光器,波长10.6$\mu$m,脉宽120ns,最大单脉冲能量7.0J | 可用于机理研究;在实际飞行中单脉冲能量沉积不能满足要求 |
| | Adelgren[52] | Nd:YAG激光器,波长532nm,脉宽10ns,重复频率10Hz,最大单脉冲能量258mJ | |
| 高重频激光 | Sasoh[53-57] | Nd:YLF激光器,波长1047nm,最大重复频率10kHz,平均功率80W | 平均功率较低,重复频率高,可使阻力达到相对稳定状态;对激光器性能具有较高的要求 |
| | | Nd:YVO₄激光器,波长1047nm,脉宽10ns,最高重复频率100kHz,平均功率400W | |

## 1.2　国内外研究现状

激光空气锥减阻包括激光能量的传输、激光击穿空气形成等离子体、产生激光维持的爆轰波、各种波系结构与超声速流场相互作用等过程。涉及的科学问题有激光在复杂流场中传输的非定常辐射输运问题、激光聚焦击穿空气形成等离子体的辐射流体动力学问题、等离子体与超声速流场和复杂波系相互作用的非定常复杂流体流动问题,同时延伸到研究这些复杂流动问题必须用到的瞬态流场参数的诊断和测量方法,以及多参数的减阻性能指标优化问题。

目前研究中采用的激光器脉宽一般在 ns 量级,脉冲持续时间较短,因此研究过程中一般不考虑激光在流场中的传输和激光聚焦击穿空气形成等离子体的过程,认为激光在瞬间沉积并转化为流场能量。下面从激光等离子体与超声速流动和复杂波系相互作用过程中的非定常复杂流体流动问题、复杂瞬态流场参数诊断和测量方法,以及多参数减阻性能指标优化三个方面对激光空气锥减阻问题进行国内外研究现状介绍与分析。

### 1.2.1　激光等离子体对流动参数的控制机理

#### 1. 爆轰波在超声速流场中演化过程的理论建模

1994 年,Myrabo 和 Raizer 利用经典的柱面爆炸理论推导了超声速流场中激光能量沉积产生爆轰波的演化过程,爆轰波演化半径 $r$ 的表达式为[58]

$$r = \alpha \left( \frac{P}{\rho_\infty u_\infty^3} \right)^{1/4} z^{1/2} = \alpha b^{1/2} z^{1/2}, \quad b = \left( \frac{P}{\rho_\infty u_\infty^3} \right)^{1/2} \tag{1-1}$$

式中,$\alpha = \left[ \dfrac{4(\gamma+1)(\gamma^2-1)}{\pi(3\gamma-1)} \right]^{1/4}$,$\gamma$ 为比热容比;$P$ 为注入的激光功率;$z$ 为在爆轰波来流方向上移动的距离;$\rho_\infty$ 和 $u_\infty$ 分别为来流的密度和速度。

研究结果表明,能量沉积点下游爆轰波演化过程的理论解析解与数值模拟和实验结果基本吻合,但是能量沉积点附近的理论推导结果与两者存在一定的差别。Shneider 等[59]通过数值模拟和实验研究发现,爆轰波不仅向下游传播,而且在能量沉积点附近还会向上游移动,主要是由于其初始速度大于来流速度。在Myrabo 小组研究的基础上,该小组对爆轰波在超声速流场中演化过程的理论模型进行了改进,认为在能量沉积点附近,可以采用点爆炸模型模拟,并指出了点爆炸模型与柱爆炸模型的分界点,其演化过程的表达式为

$$r = \begin{cases} \beta \left(\dfrac{P}{\rho_\infty u_\infty^3}\right)^{1/5} z^{2/5}, & |z| \leqslant \left(\dfrac{\alpha}{\beta}\right)^{10} \left(\dfrac{P}{\rho_\infty u_\infty}\right)^{1/2} \\[3mm] \alpha \left(\dfrac{P}{\rho_\infty u_\infty^3}\right)^{1/4} z^{1/2}, & |z| > \left(\dfrac{\alpha}{\beta}\right)^{10} \left(\dfrac{P}{\rho_\infty u_\infty}\right)^{1/2} \end{cases} \tag{1-2}$$

式中，$\beta = \left[\dfrac{75(\gamma+1)(\gamma^2-1)}{16\pi(3\gamma-1)}\right]^{1/5}$。

**2. 等离子体热核在超声速流场中的演化过程**

两种不同密度的气体在空间共存时，在它们的边界上存在周期性初始扰动。当这两种气体被脉冲加速(如激波扫过)时，初始扰动的振幅突然增大并发散，会发生 Richtmyer-Meshkov 不稳定现象[60]。密度大的气体刺进密度小的气体，形成尖刺；密度小的气体进入密度大的气体，形成气泡。激波扫过后，会有成对的涡产生。如图 1-4 所示。

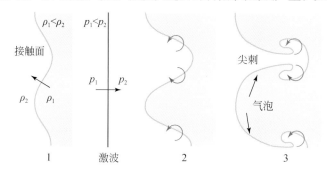

图 1-4  Richtmyer-Meshkov 不稳定的三个阶段

激光击穿空气引致的等离子体热核的密度梯度和弓形激波导致的压力梯度方向不一致，即存在斜压度时，助长了涡的产生。等离子体热核与弓形激波的相互作用过程中，由于 Richtmyer-Meshkov 不稳定效应和斜压效应，产生了涡结构，如图 1-5 所示。Sasoh 等[61-63]认为这是波阻减小的原因。

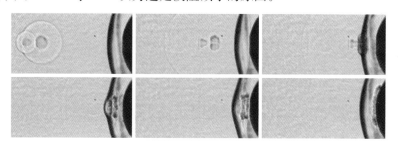

图 1-5  等离子体热核与弓形激波的相互作用

3. 激光等离子体对超声速流场演化规律的影响

1999 年至 2003 年,俄罗斯科学院的 Levin 小组[64,65]采用显式的麦考马克(MacCormack)方法求解带能量源项的流体力学方程组,研究了二维轴对称情况下注入激光能量对超声速流场结构及特性的影响,分析了轴线上和流场径向参数的演化规律。研究结果表明,在能量沉积区域下游,压力基本恢复到无激光等离子体作用时的流场压力;扰动区马赫数随着能量的注入而减小,当能量大于某一值时,出现亚声速区;能量的注入增加了气体的动能和内能,内能的增加升高了气体的温度。

德国宇航中心的 Banuti 等[66]在研究激光等离子体在主动流动控制中的应用时,分析了激光等离子体对超声速流场结构的影响。结果表明,随着能量的增加,扰动区出现亚声速,与 Levin 小组[65]得到的结论一致,但是他们只研究了四种不同能量下流场下游马赫数的分布情况,对其他参数的演化规律没有涉及。

俄罗斯理论与力学研究院的 Zudov 等[67-70]从 2001 年开始研究激光能量沉积对超声速流场结构及特性的影响,特别关注了能量沉积形状对流场参数演化规律的影响。根据实验拍摄到的激光能量沉积区域形状,主要研究了球形和椭球形两种能量沉积形状对扰动区流场参数的影响,重点关注密度的演化规律。研究结果表明,在其他模拟条件相同的情况下,椭球形沉积导致流场密度降至原流场的 1/10~1/15,球形沉积形状导致流场密度降至原流场的 1/5~1/10,可见椭球形能量沉积形状下,扰动区密度更低。

目前主要采用数值模拟的方法研究激光参数对超声速流场参数演化过程的影响,尚未发现讨论激光等离子体对超声速流场参数(如密度、温度、马赫数等)影响的理论解析描述。

### 1.2.2　复杂流场瞬态参数诊断和测量方法

1. 阻力测量方法

对于超声速飞行器的激光空气锥减阻研究而言,最值得关注的参数便是飞行器受到的阻力。目前阻力的测量方法主要有传感器法、悬摆法、冲击摆法和力天平法,表 1-2 中给出了几种测量方法的比较。

传感器主要有压电传感器和压阻传感器。压电传感器是指晶体沿着某方向受到机械力作用发生变形时,产生极化效应;当机械力消失后,又回到不带电的状态,压电效应是压电传感器的主要工作原理。压阻传感器是利用压阻效应原理,采用集成电路工艺技术及一些专用特殊工艺,在单晶硅片上,沿特定晶向制成应变电阻,构成惠斯顿监测电桥,在同一硅片上进行特殊机械加工,制成集应用于一体的力学量传感器。

悬摆法是将一快速响应的 PCB 加速度计安装在钝头体上,测量在超声速流场中钝头体的加速度 $a$ 的变化,根据公式 $D_{mod}=ma$($D_{mod}$ 为钝头体受到的阻力,$m$ 为钝头体的质量),可获得钝头体在超声速流场中阻力的变化[8,41]。

冲击摆法是利用角动量定理和机械能守恒定律建立最大摆角 $\theta_m$ 与角速度的关系,从而得到冲量[53]。

测力天平法根据受力平衡原理,建立被测对象与压电传感器电压之间的变化关系[54]。

表 1-2 阻力的测量方法比较

| 测量对象 | 实验方法 | | 优点 | 缺点 |
|---|---|---|---|---|
| 压力 | 传感器法 | 压电 | 结构简单,体积小,响应频率快,操作方便,可承受瞬间高温 | 只能测量动态应力 |
| | | 压阻 | 响应频率快,操作方便,可测量动态应力 | 工作温度范围小,较难满足高温要求 |
| 脉冲阻力 | 悬摆法 | | 系统结构简单,不需要标定 | 系统噪声较大 |
| 稳态阻力 | 冲击摆法 | | 可以测量稳态力和冲量,测量不受超声速气流的影响 | 标定过程烦琐,测量过程中易受激波与激波相互作用的影响,且没有进行实际应用 |
| | 测力天平法 | | 精度优于 4%,系统可实现性和可操作性强 | 标定过程复杂,不可用于脉冲力的测量 |

**2. 流场参数诊断方法**

流场的物性物态参数包括温度、压力、密度和速度等,其诊断可通过流动显示与测量技术来实现。流动显示与测量技术是流体力学的重要组成部分,是发现新的流动现象、探索流动机理、测量复杂流动和分析其绕流特性的重要手段,在工程上也有重要的实用价值。流动显示与测量技术已有一百多年的历史,它是随着流体力学的发展而发展起来的。流体力学发展中任何一次学术上的重大突破及其应用于工程实际,几乎都是从对流动现象的观测开始的。随着工程应用和学科发展的需要及计算机技术和激光技术等的进步,近年来,流动显示方法又有了许多新的发展,并被广泛应用于各个领域。近代流体力学和空气动力学的发展为人们对复杂流动如旋涡流、湍流、非定常流等的研究提出了新的课题,包括其机理研究和应用研究。这些复杂流动一般是三维、非定常、非周期性的,其性态随时间和空间发生变化,或具有复杂的空间结构,或流动是非定常的,或两者兼而有之。人们至今对这些复杂流动现象的捕捉和流动机理及规律的研究还很不够,主要原因之一是缺乏显示和测量复杂流动的手段。近十几年来,工程实践的迫切需求以及近代光学、激光技术、计算机技术、高速摄影技术、图像处理技术的发展,为流动显示与测量技术带来了生机和活力,特别是在显示空间流动和流动内部结构的能力及流动信息定量提取和分析处理方面有了长足的进展,对非定常复杂流动的定量显示与测量也取得了重大突破。

对大多数流体力学研究者而言,"纹影"一词的直接联想可能是成熟的光学显示测量技术,是 20 世纪就已广泛用于各类流场流动显示的技术,没什么新意。事实上,进入 21 世纪,仍然有许多研究团队兴趣盎然地发展了可用于密度场定量测量的彩色纹影,用于三维流场某剖面流动显示的聚焦纹影,基于互相关算法图像处理技术的 BOS 纹影等。人们希望把这种古老的纹影测量技术的性能不断提高,以满足复杂流场多样性的显示和测量需求。

光学方法对流场没有干扰,可直接反映密度的变化,给出定量的结果,因此被广泛应用于高速流场的测量。在研究单脉冲激光空气锥减阻机理的实验中,由于激光等离子体对激波的作用过程在百微秒量级,因此对光学测量方法的时间分辨率提出了很高的要求。纹影测量技术是研究流场参数演化过程最常用、最直观的诊断方法。

为迎接越来越复杂的流动现象观测的挑战,人们纹影测量技术的应对和探索研究从未停止过,特别是近些年,一些特种纹影技术的革新为解决这一挑战带来了新的契机,展示出极大的研究潜力。备受关注的有两种纹影技术:彩色纹影技术和聚焦纹影技术。

彩色纹影主要组成部分与普通纹影类似,由光源、纹影镜、刀口和成像系统组成,不同之处在于其使用彩色滤光片或膜片代替刀口。根据光线在测试区对应不同密度处发生的偏转不同,偏转角会使所成的像产生相应的色彩,从而可以通过逆变换得到密度场的信息。国际上对彩色纹影技术的研究有代表性的主要是美国 Agrawal 小组[71−84]、荷兰 Elsinga 小组[85] 和德国 DLR 宇航推进中心[86] 等。以美国阿拉巴马大学的 Agrawal 为首的研究小组[71−84]对彩色纹影技术的发展做出了极大的贡献,先后发表了数十篇相关的文献,内容涉及使用彩色纹影测量的原理,阿贝尔变换的具体推导验证,轴对称自由射流、火焰射流及其在不同重力场条件下的相关现象,轴对称微射流流场,最近甚至出现了有关使用彩虹纹影技术进行三维流动测量的研究报告。荷兰达夫特科技大学的 Elsinga 小组[85]进一步发展了彩色标定纹影(calibrated color schlieren,CCS)技术,用于定量测量二维流场密度场信息。图 1-6 给出了使用 CCS 技术测量 Prandtl-Mayer 流动现象获得的密度梯度图和密度图。

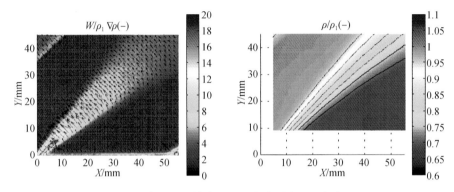

图 1-6　采用 CCS 技术获得的密度梯度图和密度图

在彩色纹影技术应用于高超声速流动测量工程方面,德国 DLR 宇航推进中心做出了积极的探索[86]。为了获得超燃冲压发动机进气道内部细节信息和激波与边界层的相互作用特性,德国 DLR 宇航推进中心建立了二维彩色纹影系统,测量得到了进气道内压缩段的激波串结构,如图 1-7 所示。

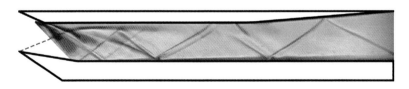

图 1-7　隔离段激波结构的彩色纹影照片

2005 年,德国空气动力研究院的 Klaas 等[87,88]采用环形三彩色纹影显示方法,对来流马赫数为 3 的超声速环境下进气道附近斜激波与边界层相互作用规律进行了研究。2010 年,美国加利福尼亚理工大学的 Maddalena 等[89]针对横向射流对剪切层流的影响进行了研究。如图 1-8 所示,上下两个通道分别以不同的气流速度向中间结合部分流动,上层气流马赫数达到 1.5、下层气流速度为 8.5m/s 时,在两流动之间结合部产生剪切层,形成了较大尺度的湍流结构。

聚焦纹影技术显著特点是流场视域大、聚焦能力强、抗光波干扰能力强、成本

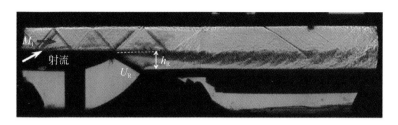

图 1-8　横向射流对剪切层影响的彩色纹影照片

低,被称为最有前途的光学显示测量方法之一。为了满足更高灵敏度、更大视场和更高分辨率的要求,Burton[90]于 20 世纪 50 年代率先提出了聚焦纹影的测量原理。随后的几十年时间里,Kantrowitz[91]和 Fish 等[92]对聚焦纹影系统提出了若干改进建议,但是,由于当时光路的布置比较困难并且提供的照片质量不高,直到 20 世纪末美国 Weinstein[93]才对这一技术进行了补充和完善,随后该技术日趋成熟,在流场显示中得到了广泛应用。

聚焦纹影技术的最新突破是在工程应用探索过程中完成的。相关研究主要集中在美国,日本、加拿大、法国、德国等也有相关应用[98,99]。2006 年,Weiss 和 Chokani 等[100-102]公开发表了一系列文献,对聚焦纹影的组合特性进行了讨论,其最主要的贡献是采用特殊的图像采集装置,对成像面中特定点进行数据采集,从而进行频谱分析,获得焦平面特征频谱,达到滤除非焦平面上图像干扰的目的。2009 年,美国 Hargather 小组[103]利用聚焦纹影-PIV 测量技术对超声速湍流边界层进行了研究。如图 1-9 所示,在聚焦平面上获得的像最清晰,离聚焦平面越远的成像越模糊,他们还对聚焦纹影景深设计进行了较为深入的探讨和验证。

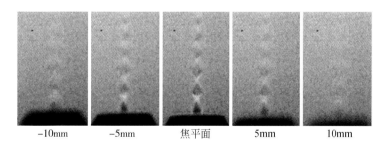

图 1-9　聚焦纹影系统景深的验证实验

2010 年,马里兰大学的 VanDercreek 小组[104,105]在美国空军的支持下,开展了聚焦纹影技术应用于高超声速流场第二模式不稳定边界层流动结构的研究,这是聚焦纹影技术在高超声速低密度三维流动显示方面比较成功的应用。图 1-10 所示为实验风洞模型及典型的测量结果。所获得的测试区域范围为 250mm,景深为 1cm,在密度为 0.02kg/m³ 时,获得了来流马赫数为 10 的情况下边界层转捩前的流动结构。

图 1-10　聚焦纹影技术获得的边界层发展的纹影图像

国内相关研究也在逐步跟进,特别是中国空气动力研究院和中国空气动力研究与发展中心的相关研究,为各种最新的纹影技术在航空航天工程中的应用做出了积极的努力。2009 年,中国空气动力研究与发展中心的研究者[106]开展了聚焦纹影显示在激波风洞中的应用研究,为流场结构、边界层及涡结构的定性研究奠定了基础。

### 1.2.3　减阻性能指标优化

影响超声速飞行器减阻性能的因素有很多,总体来说包括激光参数、环境气体(来流)参数以及飞行器结构参数等。国内外研究者就这些参数对减阻性能的影响进行了大量研究,目的是优化减阻性能指标,为激光减阻的进一步应用提供实验依据及数据支撑。

#### 1. 能量沉积位置对减阻性能的影响

研究者们对激光能量沉积减阻性能的研究结果表明,激光聚焦即能量沉积位置不同,减阻性能也有较大差别[107],因此,能量沉积位置是一个非常重要的参数,选择合适的沉积位置,会大大降低超声速来流作用下的气动阻力。

Myrabo 等[108]采用数值模拟方法计算了马赫数为 10.1,静压为 38.6Pa,静温为 37.7K,注入平均功率为 7.5kW 的条件下,$L/D=0.6$ 和 $L/D=2.0$($L$ 为能量沉积点距钝头体驻点的距离,$D$ 为钝头体直径)两种能量沉积位置对减阻效果的影响。结果表明,当 $L/D=0.6$ 时,阻力从 70.33N 减小到 48.3N,减小了近 35%;当 $L/D=2.0$ 时,阻力会继续减小,计算结果是 13.3N,气动阻力降低了 80%。可见,选择合适的能量沉积位置可以有效提高减阻性能。他们[109]还用数值模拟方法研究了不同能量沉积位置对钝头体表面相对压力分布的影响。结果表明,无能量注入时,飞行器驻点压力约为大气压力的 130 倍;由于能量的注入,钝头体表面压力降低,随着能量沉积位置远离钝头体,表面的压力也逐渐减小。当 $L/D=2.0$ 时,驻点压力下降到无能量注入时驻点压力的 1/6 左右。

Riggins 课题组[39] 较为系统地研究了沉积位置对减阻性能的影响。模拟中采用轴对称模型,马赫数为 10,平均功率为 800W,计算了 $L/D$ 从 0.9 到 2.55 变化时,无量纲阻力(注入能量后飞行器的阻力与不加能量时飞行器阻力的比值)及能量效率(由于阻力减小节省的能量与注入能量之比)随沉积位置的变化规律。结果表明,能量沉积位置从 0.9 变化到 2 时,无量纲阻力急速下降,从原来的 0.76 下降到 0.30,当沉积位置继续远离钝头体,$L/D=2.55$ 时,无量纲阻力稍有上升,为 0.31。能量效率 $S$ 随着 $L/D$ 增大呈先增大后减小的趋势,当 $L/D=2$ 时,$S$ 达到最大,为 33,随着 $L/D$ 的继续增大,$S$ 开始减小。对于该模型及模拟条件,$L/D=2$ 为最佳位置,在此位置阻力达到最小且效率最高。但对于不同的模型和来流条件,该结论是否成立需要进一步验证。

Taguchi 等[107] 数值模拟了脉冲激光能量沉积对半球形钝头体的减阻效果,主要是对能量效率的影响因素开展了参数优化研究。研究结果表明,对于一定的来流条件和能量沉积功率,存在一个 $L/D$ 使得能量效率最高,且此最佳的 $L/D$ 随着能量沉积功率的增大而增大。

国内有关激光能量沉积减阻技术方面的报道不多,2001 年,毛枚良等[110] 针对激光诱导空气锥实现飞行器减阻的概念,数值求解了带能量源项与空气 11 组分化学动力学模型的轴对称黏性流体力学方程组,采用类氢原子理论模型计算了空气对激光的吸收系数,编制了模拟强激光与超声速钝体流场干扰的计算软件。重点研究了能量点源相对位置对减阻效果的影响。研究得到焦点位置对阻力系数的影响如图 1-11 所示,随着焦点位置的变化,阻力系数在某一段距离内存在极值点,但是文中没有进一步给出最佳的能量沉积位置。

### 2. 激光能量对减阻性能的影响

Tret′yakov 等[111] 的实验研究表明,当激光功率基本维持不变时(波动在 ±14.5% 以内),激光频率越高(即单脉冲能量越小),减阻百分比越大。频率为 10kHz 时,减阻百分比约为 15%,而频率增大为 100kHz 时,减阻百分比约为 40%。这也证明了高重频激光器在减小波阻方面时有着较高的能量利用率。

日本 Sasoh 等[53-57] 在马赫数为 2.0、静压为 13.8kPa、静温为 163K、有效工作时间为 10s、测试段横截面尺寸为 80mm×80mm 的吸气式超声速风洞中进行了高重频激光能量沉积减阻实验研究。减阻效果随单脉冲能量 $E$ 的变化关系如图1-12所示，从图中可以看出，能量效率 $S$ 主要与单脉冲能量有关，与 $fE$（功率）无关。当单脉冲能量为 8mJ 时，减阻效率达到最大值10。

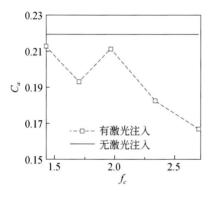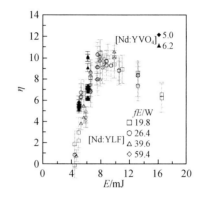

图 1-11　焦点位置对阻力系数的影响　　图 1-12　能量效率随单脉冲能量的变化规律

经过一系列实验，得到减阻百分比 $\eta$ 随频率 $f$（其他环境参数和激光能量不变）的变化规律，如图 1-13 所示。从图中可以看出，对于同一单脉冲能量，减阻百分比与频率基本呈线性关系，根据能量效率公式 $S = v_\infty(\Delta D)/(fE)$，能量效率 $S$只与单脉冲能量 $E$ 有关，与重复频率 $f$ 无关。

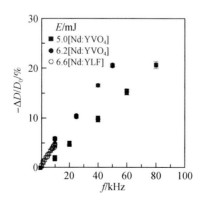

图 1-13　减阻百分比随频率的变化规律

Misiewicz 等[112]模拟了来流马赫数为 10.1 的条件下，直径为 6in（1in＝2.54cm）的钝头体在不同能量作用下阻力的变化规律。计算结果表明，随着能量的增大,阻力越来越小。他们仅研究了三种情况下阻力随注入功率的变化规律,给出了变化的基本趋势。

Hartley 小组[113]研究了激光功率对减阻效果的影响,研究得到马赫数为 10.1 的条件下阻力 $D_{mod}$ 和阻力功率 $P_D$ 与激光功率 $P_{heat}$ 之间的关系,如图 1-14 所示。从图中可以看出,随着激光功率的增大,阻力和阻力功率都存在明显的减小趋势,同时随着功率的进一步增大,减小趋势变缓。

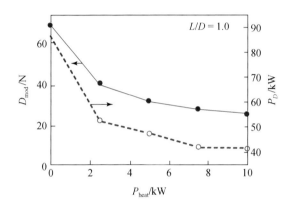

图 1-14　阻力随功率变化的数值模拟结果

Riggins 课题组[39]采用二维模型,研究了在马赫数为 6.5、$L/D = 0.9$、线功率密度在 2kW/m 到 30kW/m 变化时,无量纲阻力 $R_D$ 和能量效率 $S$ 的变化规律。数值模拟结果表明,随着功率的增大,无量纲阻力 $R_D$ 先急速下降,随着功率的进一步增大,$R_D$ 趋于稳定,能量效率随功率的增大而减小。$R_D$ 减小意味着随着注入功率的增大阻力减小,$S$ 减小意味着转化效率降低。因此,选择功率时要从无量纲阻力和能量效率两个方面综合考虑,选择合适的功率,使效益最大化。

Georgievsky 等[114,115]数值模拟了能量对减阻效果的影响。数值模拟时采用非定常完全气体,能量源为一假定的关于时间和坐标的函数。单位时间单位质量注入的能量 $\dot{Q}$ 由参数 $Q_0$(强度)、$\Delta R$、$\Delta z$(沉积区域尺寸)和 $z_0$(位置)决定。研究结果表明,当 $Q_0 \Delta z$ 为一常数时,减阻效果相同。

Taguchi 等[107]的研究结果表明,对一定的来流条件和沉积位置,存在一个能量沉积功率使得能量效率最高,且随着沉积位置的增大,最佳的能量沉积功率也相应增大。

Sakai 等[116]采用数值模拟方法研究了来流马赫数为 2,能量沉积位置 $L/D=2$ 时重复频率对减阻效果的影响。在单脉冲能量相同的条件下,给出了四种不同频率情况下无量纲阻力和能量效率的变化趋势。研究结果表明,当频率较低时,阻力存在振荡,随着频率的增大,振荡减弱直到形成稳定的阻力。由图 1-15 还可以看出,无量纲阻力随着频率的增大而减小;当 $f=50\text{kHz}$ 时,能量效率最高,即在单脉冲能量一定的情况下,存在一最佳频率使能量效率最大。文献中给出了此模拟条件下最佳频率为 $50\text{kHz}$,当模拟条件变化时,最佳频率的变化规律需要进一步研究。但是 Sasoh 的实验研究结果表明,对于特定构形,减阻百分比与重复频率呈线性关系,能量效率不随频率发生变化,数值模拟结论与实验结果不相吻合。

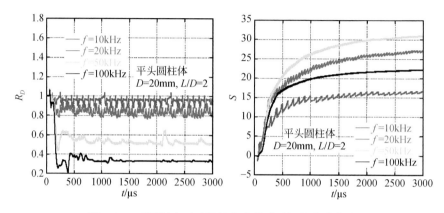

图 1-15　不同频率下减阻性能参数随时间的变化曲线

### 3. 能量沉积区域对减阻性能的影响

Levin 等[64]采用求解 N-S 方程的方法,研究了能量沉积区域大小对减阻特性的影响,马赫数为 3.0,雷诺数为 $1\times10^4$。当沉积的能量一定时,随着能量沉积区域的变大,减阻百分比在减小,能量效率也在降低。这表明激光能量的沉积区域越小越好。

### 4. 来流参数对减阻性能的影响

Taylor 等[117]研究了来流马赫数(8~12)对高超声速飞行器减阻性能的影响。通过数值模拟得到无量纲阻力 $R_D$ 与来流马赫数呈正比例关系,即随着马赫数的增大,减阻百分比呈线性减小趋势。

Levin 等[64]采用数值模拟的方法研究了来流马赫数分别为 1.5、3 和 6 三种情况下的减阻特性。研究结果表明,阻力系数比随着马赫数的增大而减小,即随着马赫数的增大,减阻百分比增大,根据 Levin[64]和 Taylor[117]的工作似乎可以猜测,随着流动从低马赫跨向高马赫,减阻百分比先增大后减小。

Ogino 等[118]数值模拟了节省的能量与来流马赫数(1.5～11)的关系。研究结果表明节省的能量与马赫数的平方成正比,文中给出研究结论适用条件为低密度区无量纲半径小于 0.1 的情况。

5. 飞行器构形对减阻性能的影响

Sakai 等[119]研究了激光空气锥减阻技术适合的飞行器构形。文中研究的主要钝头体构形如图 1-16 所示,图中 $\phi$ 为钝头体的基准直径,$\phi_t$ 为钝头体前端直径,$s$ 为钝头体前端面距能量沉积点的距离。基准直径 $\phi$ 为 20mm,截锥的锥角为 30°。

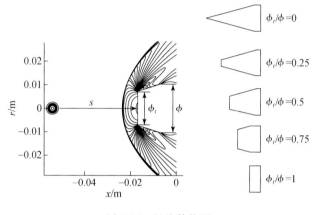

图 1-16 钝头体构形

研究结果表明,在钝头体前形成了相似的回流区,回流区的尺寸随着截锥直径的增大而增大,前端面尺寸越大,减阻效果越好。虽然 $\phi_t/\phi=1$ 构形较其他形状能量效率高,但是减小后的阻力仍然大于尖锥基准阻力。对于 $\phi_t/\phi=0.5$ 和 0.75 两种模型,能量注入后的阻力小于尖锥基准阻力,且效率大于 1。$\phi_t/\phi=0.25$ 受到的阻力小于尖锥基准阻力,但效率接近或小于 1。因此,认为在该模拟条件下激光等离子体对 $\phi_t/\phi=0.5$ 和 0.75 两种构形的减阻效果更好。

## 1.3 应 用 前 景

目前,世界各航天大国都致力于全面发展新型空天飞行推进技术,航空航天装备与技术应用领域日趋广泛,应用程度进一步提高,由战略应用向战术应用延伸扩展,由外层空间向临近空间扩展,由利用空间向控制空间扩展。为满足多层次、多样化需求,各种先进科学技术应用于航空航天装备中,进一步增强空天飞行器的性能水平,加强快速响应能力和提高推进效率。空间控制能力得到进一步扩展,高效推进技术应用领域日趋扩大,全球快速到达、机动、低成本、高可靠空天飞行推进技术越来越受到重视。

高效空天飞行推进技术主要特征是高效、快速、机动、可靠、廉价,大型空天飞行器向高性能、多功能复合化、星座化、网络化方向发展,小型空天飞行器主要向快速响应型发展。传统的可进入太空的飞行器系统主要以利用自身携带燃料的化学反应推进器为主。但这种推进系统存在明显缺陷,如性能不高、效率较低和成本过高等。因此,世界各国急切地期盼着新一代空天飞行技术的研发取得进展,在这种情况下,高效空天飞行推进技术越来越受到重视。美国、俄罗斯、英国、法国等具有航天优势的国家通过了多项计划发展高性能、多功能复合的高效空天飞行器技术,典型的如美国 X-51 系列高超声速飞行器。高效的空天飞行推进器需要具备在大气层中以高超声速飞行、直接加速飞出大气层外和完成空间任务后再返回大气层的能力。这种新型的飞行器将从真正意义上开启空天一体化的时代,同时,因其兼具航天运输与空间作战功能、迅速响应和快速到达能力,又是确保空间优势的先进武器。

根据是否向流场中注入能量,流动控制可分为主动流动控制和被动流动控制。被动流动控制的缺点是自适应性差、响应慢;主动流动控制是当前流体力学的一个重要研究领域,它通过在局部区域注入少量能量来获得局部或全局的流动变化,使飞行器的性能有明显改善。主动控制技术本身具有的诸多优点,如结构小、重量轻、控制方便,以及在不需要主动控制机构时不会带来负面效应等,使其在航空航天领域具有非常广泛的应用前景。其中,加注激光能量是一种重要的主动控制方式,其明显优点是响应高度可调。

对超声速飞行器减阻方法而言,能够产生空气锥的能量沉积方式减阻克服了安装针状物减阻带来的弊端,尤其是利用激光能量沉积产生空气锥,充分利用了激光的可控性好、开启速度快、功率密度高、传播能量损失小、易击穿空气形成等离子体等特点。此外,高重频激光能量效率高,获得的流场相对稳定,除了能够应用于减小超声速飞行器的波阻外,在超声速飞行器的其他应用方面也具有广阔的应用前景,主要体现在:

(1)降低超声速飞行器的热效应。超声速飞行器前缘是气动热最为严重的部位之一,激光等离子体注入前缘可以有效降低热效应。

(2)减小超声速飞行器的音爆。利用产生的激波在相位上的差异,诱使它们互相抵消,使得传递到地面的 N 形波强度减小,从而减小音爆的影响。

(3)对超声速飞行器产生升力。当激光聚焦位置位于飞行器对称轴上方时,将降低表面压力,而下表面没有相应的压力与之平衡,使得飞行器获得一个很强的激波升力,由于阻力同时也在减小,因此会大大提高飞行器升阻比。

此外,激光在高超声速飞行器的动力装置——超燃冲压发动机的流动控制方面也有着潜在的应用价值。主要针对的是高超声速飞行器在飞行过程中,由于飞行速度很高带来的发动机的气动和燃烧问题,如进气道和隔离段内存在复杂的波系结构和激波/边界层相互作用,导致边界层分离、进气不起动等一系列问题;燃烧室内的燃料喷注、掺混和放热及能量沉积和火焰保持问题;尾喷管的复合损失和整个飞行速度范围内的发动机/机身平衡等问题。利用激光与气体的相互作用原理,可改善以上诸多问题,从而提升超燃冲压发动机的性能和效率。

# 参 考 文 献

[1]Anderson J D. 空气动力学基础[M]. 杨永,宋文萍,张正科,等译. 北京:航空工业出版社,2010.

[2]卡门 T. 超声速空气动力学原理和应用[M]. 曹起鹏译. 北京:科学出版社,1959.

[3]Kim J H. Improvement of supersonic aerodynamic performance using shock wave interactions [D]. Aichi-ken:Nagoya University,2011.

[4]吴子牛,王兵,周睿,等. 空气动力学[M]. 北京:清华大学出版社,2008.

[5]Bracken R M,Hartley C S,Mann G,et al. Experimental and computational investigation of hypersonic electric-arc airspikes[C]. First International Symposium on Beamed Energy Propulsion,2003:485-496.

[6]Satheesh K,Kulkarni P S,Jagadeesh G. Experimental and numerical studies on the use of concentrated energy deposition for aerodynamic drag reduction around re-entry bodies[R]. AIAA,2004:0673.

[7]Leonov S,Bityurin V,Savelkin K,et al. Effect of electrical discharge on separation processes and shocks position in supersonic airflow[R]. AIAA 2002:0355.

[8]Bracken R M,Myrabo L N,Nagamatsu H T,et al. Experimental/computational investigation of electric arc air-spikes in hypersonic flow with drag measurements[R]. AIAA,2001:3797.

[9]Oliveira A C,Minucci M A S,Toro P G P,et al. Schlieren visualization technique applied to the study of laser-induced breakdown in low density hypersonic flow[C]. The Fourth International Symposium on Beamed Energy Propulsion,2006:504-509.

[10]Sakai T,Sekiya Y,Mori K,et al. Interaction between laser-induced plasma and shock wave over a blunt body in a supersonic flow[J]. Proc. IMechE,2008,222:605-617.

[11]Liu Z,Dou Z G,Huang H,et al. Numerical simulation for the influence of inject laser power

on plasma drag reduction[C]. Third International Photon and Optoelectronic Meeting,2010:
1-8.

[12]Norton K,Knight D. Thermal effects of microwave energy deposition in supersonic flow[R].
AIAA,2009:1224.

[13]Knight D,Azarova O,Kolesnichenko Y. On details of flow control via characteristics and lo-
cation of microwave filament during its interaction with supersonic blunt body[R]. AIAA,
2009:0847.

[14]Knight D,Kolesnichenko Y,Brovkin V,et al. Interaction of microwave-generated plasma with
hemisphere-cone-cylinder[R]. AIAA,2010:1005.

[15]Carlos Z. The effect of a spike on the drag and stability of blunt bodies in supersonic flow
[D]. ISRAEL Institute of Technology,1969.

[16]Eugene P J,Sean M T,Yair G,et al. Reduction of the wave drag of a blunt body by means of
a standoff spike[R]. AIAA,2000:0268.

[17]Gnemmi P,Rulijes S,Roussel K,et al. Flow field around spike-tipped bodies[R]. AIAA,
2001:2464.

[18]Gilinsky M,Washington C,Blankson I M,et al. Spike-nosed bodies and forward injected jets
in supersonic flow[R]. AIAA,2002:3918.

[19]Jiang Z L,Liu Y F,Han G L,et al. Experimental demonstration of a new concept of drag re-
duction and thermal protection for hypersonic vehicles[J]. Acta Mech Sin,2009,25:417-419.

[20]Gilinsky M,Blankson I M,Sakhrov V I,et al. Shock waves mitigation at blunt bodies using
needles and shells against a supersonic flow[R]. AIAA,2001:3204.

[21]Meyer R,Nelson H F,Riggins D W. Hypersonic drag and heat-transfer reduction using a for-
ward facing jet[J]. Journal of Aircraft,2001,38(4):680-686.

[22]耿云飞,阎超. 联合激波针—逆向喷流方法的新概念研究[J]. 空气动力学学报,2010,
46(4):436-440.

[23]Endwell O D,Warren B,James O H. Prediction of drag reduction in supersonic and hyper-
sonic flow with counterflow jets[R]. AIAA,2002:5115.

[24]Vinayak K,Reddy K P J. Effect of a supersonic counterflow jet on blunt body heat transfer
rates for oncoming high enthalpy flow[J]. Journal of Engineering Physics and Thermophys-
ics,2009,82(1):1-5.

[25]耿湘人,桂业伟,王安龄,等. 利用二维平面和轴对称逆向喷流减阻和降低热流的计算研究
[J]. 空气动力学学报,2006,24(1):85-89.

[26]何琨,陈坚强,董维中. 逆向喷流流场模态分析及减阻特性研究[J]. 力学学报,2006,
38(4):438-445.

[27]Eswar J,Mark P,William B B. Applications of a counterflow drag reduction technique in high
speed systems[R]. AIAA,2001:2437.

[28]Malmuth N D,Fomin V M,Maslov A A,et al. Influence of a counterflow plasma jet on su-personic blunt body pressures[R]. AIAA,1999:4883.

[29]Babichev J,Krasilnikov A,Panasenko A,et al. Effect of plasma jet characteristics on super-sonic cone-cylinder drag[R]. AIAA,1999:4881.

[30]Bivolaru D,Kuo S P. Observation of supersonic shock wave mitigation by a plasma aero-spike[J]. Physics of Plasma,2002,9(3):721-723.

[31]Oliveira C,Minucci M A S,Toro P G P,et al. Bow shock wave mitigation by laser-plasma energy addition in hypersonic flow[J]. Journal of Spacecraft and Rockets,2008,45(5):921-927.

[32]Georgievsky P Y,Levin V A,Sutyrin O G. Front separation regions initiated by upstream en-ergy deposition[R]. AIAA,2008:1335.

[33]Yuriev A,Pirogov S Y,Savischenko N P,et al. Numerical and experimental investigation of pulse-repetitive energy release upstream body under supersonic flow[R]. AIAA,2002:2730.

[34]Guvernyuk S V,Samoilov A B. Control of supersonic flow around bodies by means of a pulsed heat source[J]. Tech. Phys. Lett. ,1997,23(5):333-336.

[35]Schulein E,Zheltovodov A A,Pimonov E A,et al. Study of the bow shock interaction with la-ser-pulse-heated air bubbles[R]. AIAA,2009:3568.

[36]Kremeyer K,Sebastian K,Shu C W. Computational study of shock mitigation and drag reduc-tion by pulsed energy lines[J]. AIAA Journal,2006,44(8):1720-1731.

[37]Kandala R,Candler G V. Numerical studies of laser-induced energy deposition for supersonic flow control[R]. AIAA,2003:1052.

[38]Schulein E,Zheltovodov A A. Effects of localized flow heating by DC-arc discharge ahead of non-slender bodies[R]. AIAA,2009:7346.

[39]Riggins D,Nelson H F,Johnson E. Blunt-body wave drag reduction using focused energy deposition[J]. AIAA Journal,1999,37(4):460-467.

[40]Bracken R M,Myrabo L N,Nagamatsu H T,et al. Experimental investigation of an electric arc air-spike with and without blunt body in hypersonic flow[R]. AIAA,2001:0796.

[41]Bracken R M,Myrabo L N,Nagamatsu H T,et al. Experimental investigation of an electric arc sir-spike in Mach 10 flow with preliminary drag measurements[R]. AIAA,2001:2734.

[42]Minucci M A S,Bracken R M,Myrabo L N,et al. Experimental investigation of an electric arc"air-spike" in hypersonic flow[R]. AIAA,2000:0715.

[43]Toro P G P,Nagamatsu H T,Minucci M A S,et al. Experimental pressure investigation of a "directed-energy air spike" inlet at Mach 10[R]. AIAA,1999:2843.

[44]Knight D,Kolesnichenko Y F,Brovkin V,et al. Interaction of microwave-generated plasma with a blunt body at Mach 2. 1[R]. AIAA,2009:0846.

[45]Norton K,Knight D. Thermal effects of microwave energy deposition in supersonic flow[R]. AIAA,2009:1224.

[46]Kolesnichenko Y F,Brovkin V,Leonov S B. Investigation of AD-body interaction with microwave discharge region in supersonic flows[R]. AIAA,2001:0345.

[47]Kolesnichenko Y F,Brovkin V,Azarova O A,et al. Microwave energy release regimes for drag reduction in supersonic flows[R]. AIAA,2002:0353.

[48]Knight D,Kolesnichenko Y F,Brovkin V. Interaction of microwave-generated plasma with hemisphere-cone-cylinder[R]. AIAA,2010:1005.

[49]Knight D,Azarova O A,Kolesnichenko Y F. On details of flow control via characteristics and location of microwave filament during its interaction with supersonic blunt body[R]. AIAA,2009:0847.

[50]Minucci M A S,Toro P G P,Chanes J B,et al. Investigation of a laser-supported directed-energy "air spike" in Mach 6. 2 air flow-preliminary results[R]. AIAA,2001:0641.

[51]Minucci M A S,Toro P G P,Chanes J B,et al. Brazilian activities on the laser-supported DEAS in hypersonic flow[C]. First International Symposium on Beamed Energy Propulsion, 2003:497-508.

[52]Adelgren R G,Yan H,Elliott G S,et al. Control of Edney IV interaction by pulsed laser energy-deposition[J]. AIAA Journal,2005,43(2):256-269.

[53]Sasoh A,Sekiya Y,Sakai T,et al. Drag reduction of blunt body in a supersonic flow with laser energy depositions[R]. AIAA,2009:1533.

[54]Mori K,Sasoh A. Experiments of laser-pulse-induced drag modulation in supersonic flow [R]. AIAA,2006:3569.

[55]Kim J H,Matsuda A,Sakai T,et al. Drag reduction with high-frequency repetitive side-on laser pulse energy depositions[R]. AIAA,2010:5104.

[56]Kim J H,Matsuda A,Sakai T,et al. Wave drag reduction with acting spike induced by laser-pulse energy[J]. AIAA Journal,2011,49(9):2076-2078.

[57]Sasoh A,Sekiya Y,Sakai T,et al. Supersonic drag reduction with repetitive laser pulses through a blunt body[R]. AIAA,2009:3585.

[58]Myrabo L N,Raizer Y P. Laser-induced air spike for advanced transtmospheric vehicles[R]. AIAA,1994:2451.

[59]Shneider M N,Gimelshein S F,Raizer Y R. Shock wave induced by a high-intensity power source in hypersonic flow[J]. Shock Waves,2010,20:131-137.

[60]Aure R,Jacobs J W. Particle image velocimetry study of the shock-induced single mode richtmyer-meshkov instability[J]. Shock Waves,2008,18(3):161-167.

[61]Sasoh A,Sekiya Y,Sakai T,et al. Supersonic drag reduction with repetitive laser pulses through a blunt body[R]. AIAA,2009:3585.

[62]Schülein E,Zheltovodov A A,Pimonov E A,et al. Study of the bow shock interaction with laser-pulse-heated air bubbles[R]. AIAA,2009:3568.

[63]Azarova O A. Supersonic flow control using combined energy deposition[J]. Aerospace, 2015,2(1):118-134.

[64]Levin V A,Afonina N A,Fromov V G. Navier-Stokes analysis of supersonic flow with local energy deposition[R]. AIAA,1999:4967.

[65]Georgievskii P Y,Levin V A. Control of the flow past bodies using localized energy addition to the supersonic oncoming flow[J]. Fluid Dynamics,2003,38(5):794-805.

[66]Banyti D T,Hannemann K. Flow control by energy deposition in hypersonic flow-some fundamental considerations[R]. AIAA,2009:7345.

[67]Tretyakov P K,Yakovlev V I,Zuodv V N. Gasdynamic structure of a supersonic flow around a heat source[C]. IEEE,2001,70-81.

[68]Zudov V N. Trace development behind a pulsed-periodic energy source[J]. Technical Physics Letters,2001,27(6):522-524.

[69]Zudov V N,Tretyakov P K,Tupikin A V. Spersonic flow past a thermal source[J]. Fluid Dynamics,2003,38(5):782-293.

[70]Zudov V N,Tretyakov P K,Tupikin A V. Unsteadiness effects at a pulsed-periodic energy supply to supersonic flow[R]. AIAA,2009:3586.

[71]Shenoy A,Agrawal A,Gollahalli S. Quantitative evaluation of flow computations by rainbow schlieren deflectometry[J]. AIAA Journal,1998,36(11):1953-1960.

[72]Agrawal A,Albers B,Griffin D. Abel inversion of deflectometric measurements in dynamic flows[J]. Applied Optics,1999,38(15):3394-3398.

[73]Agrawal A,Alammar K,Gollahalli S. Application of rainbow schlieren deflectometry to measure temperature and oxygen concentration in a laminar gas-jet diffusion flame[J]. Experiments in Fluids,2002,32(6):689-691.

[74]Yildirim B S,Pasumarthi K S,Agrawal A K. Concentration measurements in self-excited momentum dominated low-density gas jets[C]. 42nd AIAA Aerospace Sciences Meeting and Exhibit,2004,5-8.

[75]Agrawal A,Alammar K,Gollahalli S. Application of rainbow schlieren deflectometry to measure temperature and oxygen concentration in a laminar gas-jet diffusion flame[J]. Experiments in Fluids,2002,32(6):689-691.

[76]Xiao X,Puri I,Agrawal A. Temperature measurements in steady axisymmetric partially premixed flames by use of rainbow schlieren deflectometry[J]. Applied Optics,2002,41(10):1922-1928.

[77]Albers B,Agrawal A. Schlieren analysis of an oscillating gas-jet diffusion flame[J]. Combustion and Flame,1999,119(12):84-94.

[78]Yildirim B S,Agrawal A. Full-field measurements of self-excited oscillations in momentum-dominated helium jets[J]. Experiments in Fluids,2005,38(2):161-173.

[79]Wong T，Agrawal A. Quantitative measurements in an unsteady flame using high-speed rainbow schlieren deflectometry［J］. Measurement Science and Technology，2006，17（6）：1503-1510.

[80]Kolhe P，Agrawal A. Role of buoyancy on instabilities and structure of transitional gas jet diffusion flames［J］. Flow Turbulence and Combustion，2007，79（4）：343-360.

[81]Yep T，Agrawal A，Griffin D. Gravitational effects on near-field flow structure of low-density gas jets［J］. AIAA Journal，2003，41（10）：1973-1979.

[82]Satti R，Kolhe P，Olcmen S，et al. Miniature rainbow schlieren deflectometry system for quantitative measurements in microjets and flames［J］. Applied Optics，2007，46（15）：2954-2962.

[83]Kolhe P，Agrawal A. Density measurements in a supersonic microjet using miniature rainbow schlieren deflectometry［J］. AIAA Journal，2009，47（4）：830-838.

[84]Agrawal A，Butuk N，Gollahalli S. Three-dimensional rainbow schlieren tomography of a temperature field in gas flows［J］. Applied Optics，1998，37（8）：479-485.

[85]Elsinga G E，van Oudheusden B W，Scarano F，et al. Assessment and application of quantitative schlieren methods with bi-directional sensitivity［C］. CCS and BOS，Proceedings of PSFVIP-4，2003.

[86]Herrmann C D，Koschel W W. Experimental investigation of the internal compression of a hypersonic intake［C］. 38th AIAA/ASME/SAE/ASEE Joint Propulsion Conference & Exhibit 7-10，2002.

[87]Klaas M，Schroder W. Experimental investigation of slender streamwise vortices and oblique shock-vortex interaction［R］. AIAA，2005：4652.

[88]Klaas M，Thomer O，et al. Experimental and computational investigation of oblique shock-vortex interaction［R］. AIAA，2002：3305.

[89]Maddalena L，Dimotakis P E，et al. On the effects of transverse-jet injection into a supersonic shear layer［R］. AIAA，2010：755.

[90]Burton R A. Notes on the multiple source schlieren system［J］. JOSA，1951，41（11）：858-859.

[91]Kantrowitz A，Trimpi R L. A sharp-focusing schlieren system［J］. J. Aero.，1950，17：311-319.

[92]Fish R W，Parnham K. Focusing schlieren system［R］. Report CP-54，British Aeronautical Research Council，1950.

[93]Weinstein L M. An improved large-field focusing schlieren system［R］. AIAA，1991：0567.

[94]Downie J D. Application of bacteriorhodopsin films in an adaptive-focusing schlieren system［J］. Applied Optics. ，1995，34（26）：26-37.

[95]Gartenberg E，Weinstein L M，Jr E E L. Aerodynamic investigation with focusing schlieren in a cryogenic wind tunnel［J］. AIAA Journal，1994，32（6）：1242-1249.

[96]Weinstein L M. Large-field high-brightness focusing schlieren system[J]. AIAA Journal, 1993,31(7):1250-1255.

[97]Allan R W, Michael S H. Experimental shock-wave interference heating on a cylinder at Mach 6 and 8[J]. AIAA Journal,1989,27(11):1557-1565.

[98]Richard H, Raffel M. Principle and applications of the background oriented schlieren method [J]. Measurement Science and Technology,2001,12(2):1576-1585.

[99]Kashitani M, Yamaguchi Y. Flow visulization around a double wedge airfoil model with focusing schlieren system[J]. Thermal Science,2006,15(1):31-36.

[100]Weiss J, Chokani N. Integration properties of the focusing schlieren deflectometer[R]. AIAA,2006:2810.

[101]Weiss J, Chokani N. Quiet tunnel experiments of shockwave/turbulent boundary layer Interaction[R]. AIAA,2006:3362.

[102]Chokani N. Large-bandwidth phase-locked measurements for high-speed flow experiments with controlled disturbance inputs[R]. AD Report,2006.

[103]Hargather M J, Lawson M J, Settles G S. Focusing-schlieren PIV measurements of a supersonic turbulent boundary layer[R]. AIAA,2009:0069.

[104]VanDercreek C P, Smith M S, Yu K H. Focused schlieren and deflectometry at AEDC hypervelocity wind tunnel[R]. AIAA,2010:4209.

[105]VanDercreek C P. Hypersonic application of focused schlieren and deflectometry[D]. Maryland:University of Maryland. 2010.

[106]徐翔,谢爱民,吕治国,等. 聚焦纹影显示方法在激波风洞的初步应用[J]. 实验流体力学, 2009,23(3):75-79.

[107]Taguchi S, Ohnishi N, Furudate M, et al. Numerical analysis of drag reduction for supersonic blunt body by pulse energy deposition[R]. AIAA,2007:1235.

[108]Myrabo L N, Raizer Y P, Shneider M N. Drag and total power reduction for artificial heat input in front of hypersonic blunt body[C]. Beamed Energy Propulsion:Third International Symposium on Beamed Energy Propulsion,2005:485-498.

[109]Myrabo L N, Raizer Y P, Shneider M N, et al. Reduction of drag and energy consumption during energy release preceding a blunt body in supersonic flow[J]. High Temperature, 2004,42(6):901-910.

[110]毛枚良,董维中,邓小刚,等. 强激光与高超声速球锥流场干扰数值模拟研究[J]. 空气动力学学报. 2001,19(2):172-176.

[111]Tret'yakov P K, Garanin A F, Grachev G N, et al. Control of supersonic flow around bodies by means of high-power recurrent optical breakdowns[J]. Physics-Doklady,1996,41(11): 566-567.

[112]Misiewicz C, Myrabo L N, Shneider M N. Combined experimental and numerical investiga-

tion of electric-arc airspikes for blunt body at mach 3[C]. Third International Symposium on Beamed Energy Propulsion,2005:528-541.

[113]Hartley C S,Portwood T W,Filippelli M V,et al. Experimental and computational investigation of drag reduction by electric-arc airspikes at mach 10[C]. Third International Symposium on Beamed Energy Propulsion,2005:499-513.

[114]Georgievsky P Y,Levin V A. Effective flow over body control by energy input upstream [R]. AIAA,2003:0038.

[115]Georgievsky P Y,Levin V A. Bow shock wave structures control by pulse-periodic energy input[R]. AIAA,2004:1019.

[116]Sakai T,Sekiya Y,Rosli M R B,et al. Unsteady interaction of blunt bodies with laser induced plasma in a supersonic flow[R]. AIAA,2008:3794.

[117]Taylor T. Drag reduction and control using energetic and electrostatic force-fields for hypersonic applications[R]. AIAA,2004:0131.

[118]Ogino Y,Ohnishi N,Taguchi S H,et al. Baroclinic vortex influence on wave drag reduction induced by pulse energy deposition[J]. Physics of Fluids,2009,21:1-11.

[119]Sakai T. Supersonic drag performance of truncated cones with repetitive energy depositions [J]. International Journal of Aerospace Innovations,2009,1(1):31-43.

# 第 2 章　激光空气锥减阻的理论基础

激光空气锥减阻所涉及的理论包括激光物理、空气动力学(主要是超声速和高超声速空气动力学)及两者学科交叉相关的新理论。本章主要从介绍激光的基本理论、超声速流的基本理论及激光能量沉积理论入手,引出激光空气锥减阻的基本概念和原理,提出减阻所关注的性能指标。

## 2.1　激光的基本理论

### 2.1.1　激光的定义及激光器分类

激光来源于英语"LASER",是"light amplification by stimulated emission of radiation"的缩写,意为"通过受激辐射的光扩大",该词确切描述了激光的工作原理。激光辐射具有高定向性、高单色性和高相干性的特点,因而与普通光具有较大区别。自 1960 年第一台红宝石激光器出现至今已有半个多世纪,目前激光器件及激光技术已经发展到相当高的水平[1]。

激光器的分类方法很多,按工作物质的形态不同,可分为固体激光器(如红宝石激光器、钕玻璃激光器、掺钕钇铝石榴石- Yd：YAG 激光器等)、气体激光器(如氦-氖激光器、$CO_2$ 激光器、准分子激光器等)、半导体激光器(如砷化镓激光器、锑化铟激光器、硫化锌激光器等)、染料激光器(如罗丹明 6G- Rhodamin 6G 染料激光器等)和化学激光器和自由电子激光器等;按不同的激励方式也可将激光器分为光激励激光器、放电激励激光器、化学激光器和核泵浦激光器等;按运转方式又可将激光器分为连续激光器和脉冲激光器。

### 2.1.2　激光的性能参数

#### 1. 聚焦光斑尺寸

聚焦光斑尺寸一般用爱里(Airy)斑的半径来表示。设一聚焦光学系统焦距为 $f$,光阑孔径为 $D$,理想情况下均匀平面波聚焦后爱里斑的半径为

$$a = 1.22 \frac{f\lambda}{D} \tag{2-1}$$

即可聚焦到波长 $\lambda$ 的量级。若实际激光束聚焦光斑尺寸为 $a$ 的 $N$ 倍,则称为 $N$ 倍衍射极限。

### 2. 远场发散角 $\theta$ 和光束质量因子 $\beta$

激光远场发散角 $\theta$ 的大小决定激光束可传输多远距离而不显著发散开来,它也与可聚焦多少能量(功率)有关。设激光束沿 $z$ 轴传输,束宽为 $w(z)$,定义远场发散角为

$$\theta = \lim_{z \to \infty} \frac{w(z)}{z} \tag{2-2}$$

由于 $\theta$ 可以通过扩束或聚焦来改变,因此当用远场发散角作为光束质量判据时,必须将激光束取为某一确定值进行比较才有意义。

除 $\theta$ 外,文献中常用 $\beta$ 值作为光束质量判据,$\beta$ 为实际光束的远场发散角与理想光束的远场发散角之比。$\beta$ 值一般大于 1,$\beta$ 越接近 1,光束质量越高,$\beta=1$ 为衍射极限。

### 3. 斯特列尔比 $S_R$

在大气光学中常用斯特列尔比 $S_R$ 作为评价光束质量的参数,$S_R$ 定义为实际光束焦斑处峰值功率与理想光束焦斑处峰值功率之比,为一个小于 1 的数。$S_R$ 越大,光束质量越高。

### 4. $M^2$ 因子和 $K$ 因子

$M^2$ 因子定义为实际光束的空间束宽积与理想光束的空间束宽积之比。光束的空间束宽积是指光束在空间域中的宽度(光腰束宽)和在空间频率域中的角谱宽度(远场发散角)的乘积,也称为光束参数乘积。

$M^2$ 因子的倒数称为 $K$ 因子,$M^2 \geqslant 1(K \leqslant 1)$,$M^2$ 越大($K$ 越小),则光束质量越差。$M^2 = 1(K=1)$ 为衍射极限。

$M^2$ 因子定义式中同时考虑了束宽和远场发散角的变化对激光光束质量的影响。一般情况下,激光束在通过理想无衍射、无像差的光学系统时,光束参数乘积是一个不变量,这样就避免了只用聚焦光斑尺寸或远场发散角作为光束质量判据带来的不确定性。因此,$M^2$ 因子(或 $K$ 因子)是一个判断光束质量较好的参数。

### 2.1.3 激光的特性

#### 1. 方向性(定向性)好

激光方向性好是由其产生的物理过程决定的。在激光诞生之前,各类光源均向四面八方发光,无所谓方向性(定向性),不能集中到确定的方向发射到远方,而激光光源与其他光源的不同之处在于它是集中在谐振腔的一端发光的,显然只有沿腔轴方向上才有激光发出。

下面举例对激光的方向性进行说明。假设氙灯与激光辐射的能量相同,当氙灯灯管直径为 6mm、电极间距离为 80mm 时,其总发光面积约为 15cm²,而激光的发光面积仅 0.2cm²。相比之下,激光器单位面积上发出的光能是氙灯的 75 倍。更为重要的差别是氙灯发光的能量分散在四周的整个立体空间内,而激光器的发光局限在很小的发散角 $\alpha$ 所包含的立体角 $\Omega$ 内。整个球面对球心所张的立体角为 $4\pi$,经过计算,发散角为 0.1° 的激光束对应的立体角 $\Omega$ 内的激光输出能量比氙灯大 $10^8$ 倍。如果将激光器单位面积上发光能量比氙灯大的因素一起考虑,那么就是激光能量由于发光面积和发光方向的高度集中,使其亮度比氙灯大近 $10^{10}$ 倍。由此可见,激光具有优良的方向性。测量激光方向性的方法主要有打靶法、套孔法、光楔法和圆环法等。

#### 2. 单色性好

激光光源是目前单色性最好的光源。图 2-1 给出了自然光(如太阳光)和激光的频率 $\nu$ 与能量密度 $I$ 分布的关系,它说明自然光是由频率范围较宽的光构成的,激光由原子受激辐射而产生,因而谱线极窄。但由于光源中的原子在做热运动,因

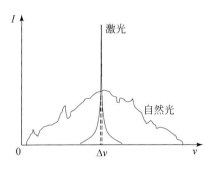

图 2-1　自然光和激光的波长分布

此由原子产生的振动频率也将受多普勒效应的影响而有一定的宽度,通常称为谱线展宽。也就是说,一个能量为 $h\nu$ 的光子与激发态原子作用时,不一定能辐射出能量为 $h\nu$ 的光子,而是辐射出能量为 $h\nu$ 光子的概率最大。

高度单色性虽可较好地用于许多方面,但并不是每种激光器都能达到要求。脉冲激光器尤其如此,因为脉冲宽度 $\tau_p$ 和激光线宽 $\Delta\nu$ 之间具有如下反比关系:

$$\tau_p = \frac{1}{\Delta\nu} \tag{2-3}$$

因此,当激光以 $Q$ 开关或锁模方式工作时,脉宽很小,这时的线宽就大。对于气体,脉宽为 $10^{-9}$ s 时,线宽已高达 $10^3$ MHz,和自发辐射相比没有多大差别。对于固体激光器,$\tau_p = 10^{-12}$ s 时,$\Delta\nu$ 为 $10^{12} \sim 10^{13}$ Hz。

### 3. 亮度高

对激光辐射而言,发光的高定向性、高单色性等特点,也决定了它具有极高的单色定向亮度值。输出能量为百焦耳,脉宽达到 $10^{-9} \sim 10^{-8}$ s 的巨脉冲激光瞬时功率就超过了世界上最大电站的瞬时功率,其主要原因是激光的方向性好。

将给定光源单位面积($m^2$)单位立体角(sr)所辐射的功率(W)称为亮度。设 dS 是光源 $O$ 点的面积元,由 dS 向空间一点 $O'$,即沿 $OO'$ 方向的立体角 $d\Omega$ 辐射的功率为 dP,即亮度 $L$ 按定义可写为

$$L = \frac{dP}{dSd\Omega\cos\theta} \tag{2-4}$$

式中,$\theta$ 为 $OO'$ 与 $O$ 点法线的夹角;$L$ 称为光源 $O$ 沿 $OO'$ 方向的亮度。

另外,功率密度是光平均功率除以光束截面积的平均值,单位为 $W/m^2$。通常,亮度等于单位立体角的功率密度,单位为 $cd/m^2$。在辐射度学中,辐射率与上面讨论的亮度的概念相同。

对激光束而言,当观察点离开激光器的距离远大于其光束直径时,激光器可视为发散角 $\theta$ 很小的点源,此时亮度和发散角的平方成反比,式(2-4)可改写为

$$L = \frac{P}{4\pi\theta^2 S} \tag{2-5}$$

式中,$\theta$ 为高斯分布半强度时的发散角。

在激光应用领域中,最重要的参数不是通常认为的功率或强度(强度的定义是每球面度的功率,单位为 cd 或 W/sr),而是亮度。设有两个激光器 A 和 B,其输出光束直径和功率都相同,只是激光器 A 的发散角为 $\theta_A$,B 的发散角为 $\theta_B$,且 $\theta_B > \theta_A$,则激光器 A 因 $\theta_A$ 小而焦斑直径小,能在透镜的焦点处产生较大的强度。又由

于立体角 $\Omega$ 正比于 $\theta^2$，而 $\theta^2$ 又与亮度 $L$ 成反比，于是在透镜焦点处的强度正比于光束的亮度，这一结果虽然是由某个特例推得，但对一般情况可普遍适用。

### 4. 相干性强

光的干涉是满足一定条件的两束或两束以上的光波在其相遇区域出现的光强重新分配的现象，即有些位置叠加后光强度接近零，另一些位置的光强度比各光波单元作用时所产生的光强之和大得多。由物理光学理论可知，产生光学干涉的必要条件是两束光波必须同方向、同频率和相位差恒定。因此，满足上述必要条件的两束光称为相干光；反之，称为非相干光。一般而言，两个互相独立的光源是不相干的，相干光源必定是由同一个光源产生的，而且光源的单色性越好，其谱线宽度越窄，相干时间越长。这就把相干性和光的单色性联系起来了。

在此列举几个关于相干性的应用实例。一般光源的 $\Delta\nu$ 约为 $10^{10}$ Hz，对应的相干时间为 $10^{-10}$ s，相干长度为 3mm；He-Ne 激光的 $\Delta\nu$ 约为 500Hz，故相干时间约为 $2\times10^{-3}$ s，相干长度为 $6\times10^8$ mm＝600km，两者相差 $2\times10^8$ 倍。对于多模振荡的激光器，单色性取决于模数，因而时间相干性也取决于模数。对于脉冲激光器，相干时间 $t_l$ 与脉宽相等。若脉宽 $\tau_p=10^{-9}$ s，相干时间 $t_l=10^{-9}$ s，则谱线宽度为 $10^9$ Hz。事实上，就 $Q$ 开关脉冲激光而言，其时间相干性不取决于脉宽，而是取决于脉冲宽度内的尖峰持续时间。例如，红宝石激光的尖峰持续时间约为 30ps，对应的相干时间为 $0.1\mu$s。表 2-1 列出了常用激光器的相干长度。激光的相干性在普通干涉计量术和全息干涉计量术中有极其广泛的应用。

**表 2-1　常用激光器的相干长度**

| 激光器 | 工作模式 | 典型相干长度/m |
| --- | --- | --- |
| He-Ne | 单纵模、单横模 | $\leqslant10^3$ |
| He-Ne | 多模 | $0.1\sim0.2$ |
| $Ar^+$ | 多模 | 0.02 |
| Nd:YAG | 多模 | $10^{-2}$ |
| Nd 玻璃 | 多模 | $2\times10^{-4}$ |
| GaAs | 多模 | $10^{-3}$ |
| 红宝石 | 自由振荡(脉宽 $0.1\mu$s) | 30 |
| 红宝石 | 锁模(脉宽 30ps) | $\leqslant10^{-2}$ |

### 2.1.4　激光束的聚焦特性

本书所关注的是激光如何聚焦并击穿空气形成空气锥,从而达到减小波阻的目的,本小节着重介绍激光的聚焦特性。

在激光与材料相互作用领域,为了获得较高的激光功率密度(或能量密度),经常将激光束聚焦,把能量集中于焦点区域。由于激光束不可避免地存在衍射现象,因此在最小的焦斑尺寸(衍射极限)处能得到最大的功率密度。在实际应用中,由于光学元件的质量优劣不同,一般不可能获得理想的最小光斑。本小节将从平面光波的发散角入手,讨论高斯光束衍射及极限效应。

#### 1. 平面光波的发散

首先对横截面为圆形且截面内光强均匀的平面光波经透镜聚焦的情况进行讨论。定义两个无维坐标 $U$ 和 $V$ 为

$$U = 2\pi \frac{a^2 z}{\lambda f^2}$$

$$V = 2\pi \frac{ar}{\lambda f} \tag{2-6}$$

式中,$z$ 坐标取向与光束传播方向相同;$a$ 为透镜通光半径;$f$ 为聚焦透镜焦距。

下面仅考虑在光传播方向上和焦平面的光强分布。根据圆孔的夫琅和费衍射公式计算,可得到焦平面($U=0$)处光强分布为

$$I(0, V) = \frac{\pi a^2}{\lambda^2 f^2} \left[\frac{2J_1(V)}{V}\right]^2 I_t \tag{2-7}$$

式中,$J_1$ 为第一类贝塞尔函数;$I_t$ 为总光强。

设 $r_s$ 为衍射极限对应的焦斑半径,根据圆孔衍射的第一级极小条件有

$$r_s = 1.22 \frac{\lambda}{2a} f \tag{2-8}$$

实际上,$\dfrac{1.22\lambda}{2a}$ 就是在衍射极限条件下的发散角,若将其记为 $\theta$,则有

$$r_s = f\theta \tag{2-9}$$

在光传播方向上($V=0$)的光强分布为

$$I(U, 0) = \left(\frac{\sin\dfrac{U}{4}}{\dfrac{U}{4}}\right)^2 \frac{\pi a^2}{\lambda^2 f^2} I_t \tag{2-10}$$

而在焦斑区域中心,即 $U=0$、$V=0$ 处有

$$I_C = I(0,0) = \frac{\pi a^2}{\lambda^2 f^2} I_t \tag{2-11}$$

特别当 $U = 4 \times 1.39$ 时，$I(U,0)$ 将降至峰值的一半。此时若用 $Z_s$ 表示聚焦深度，则有

$$Z_s = \pm 4 \times 1.39 \left( \frac{\lambda f^2}{2\pi a^2} \right) \tag{2-12}$$

**2. 焦平面上的激光参数分布**

激光束分为近场区和远场区。对于高斯光束，当传输距离小于 $d^2/\lambda$（$\lambda$ 为激光波长，$d$ 为激光输出孔径）时，光束扩散很小，为近场区，当距离大于 $d^2/\lambda$ 时，光束的扩散由衍射效应决定，发散角一般在 $\lambda/d$ 量级。

简单而又最重要的激光模式是基模，其光束横截面上光强呈高斯分布，对应的近场光强分布的数学表述为

$$I(U,V) = \frac{I_t}{\pi(1+U^2)} \exp\left( \frac{-V^2}{1+U^2} \right) \tag{2-13}$$

即焦平面上光强沿径向呈指数降低，这时高斯光束的最小光斑尺寸定义为 $V=1$ 时的 $r$，即

$$r_s = \frac{\lambda f}{2\pi a} \tag{2-14}$$

在激光传输方向上，聚焦深度为 $U = \pm 1$，因而有

$$Z_s = \frac{\lambda f^2}{2\pi a^2} \tag{2-15}$$

若高斯光束的最小光斑半径用 $\omega_m$ 表示，则在 $z$ 处的光束半径为

$$\omega(z) = \omega_m \left[ 1 + \left( \frac{\lambda z}{\pi \omega_m^2} \right)^2 \right]^{1/2} \tag{2-16}$$

为了更好地描述激光与材料相互作用时光束在靶上的聚焦情况，引入无维参量 $\zeta$ 并定义为

$$\zeta = \pm \frac{Z_0 \theta}{\omega_m} \tag{2-17}$$

式中，$Z_0$ 为靶表面到束腰的距离；$2\theta$ 为聚焦透镜的数值孔径，$2\theta \approx d/f$，$d$ 为光束在透镜上的光斑大小。当靶在束腰之外时，$\zeta$ 为"＋"；当靶在透镜与束腰之间时，$\zeta$ 为"－"，如图 2-2 所示。

由以上讨论可见，激光束的发散角对聚焦焦斑大小起决定性作用，从而可以用激光聚焦特征参数 $q$（或称聚焦特征值）来表征该光束的聚焦性质，即定义

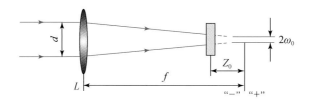

图 2-2　光聚焦于靶材示意图

$$q = \frac{\text{非高斯光束的发散角}}{\text{高斯光束的发散角}} \tag{2-18}$$

一般而言,$q$ 值越大,光束的聚焦性能越差,对应的焦斑尺寸越大;$q=1$,表示该光束是高斯光束。

激光光束的发散角本来就很小,但有时在一些应用场合需要发散角更小的激光束。例如,要求聚焦焦斑直径为 $\mu m$ 量级,若将激光器直接输出的光束聚焦,就不能达到要求,此时就需要进一步缩小激光束的发散角。

图 2-3 给出了激光束的两种准直法,它们都是利用倒置的望远镜实现的。由图 2-3(a)不难看出,输出光束直径 $D_2$ 和输入光束直径 $D_1$ 的比值为 $f_2/f_1$,而发散角和光束直径成反比,所以有

$$\theta_2 = \frac{f_1}{f_2}\theta_1 \tag{2-19}$$

因为 $f_1 < f_2$,所以对应准直后的发散角 $\theta_2$ 缩小为原发散角 $\theta_1$ 的 $f_1/f_2$。

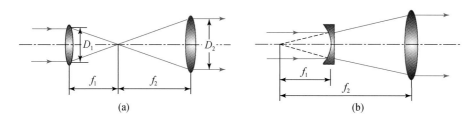

(a)　　　　　　　　　　　　　　(b)

图 2-3　激光束的准直光路示意图

例如,当 $f_1 : f_2$ 为 1:30 时,讨论倒置望远镜对 He-Ne 激光发散角的影响。设 He-Ne 光束原发散角 $\theta_1 = 0.2 \mathrm{mrad}$,利用倒置望远镜准直后,可使发散角缩小 1/30,从而使发散角 $\theta_2 = 6.7 \times 10^{-3} \mathrm{mrad}$。

图 2-3(b)给出了激光束准直的另一种方法。这种由凹透镜和凸透镜组成的系统比图 2-3(a)所示的系统更为紧凑,该系统更适合在高功率激光系统中使用,这是因为在凹透镜和凸透镜之间没有实焦点存在,从而可避免空气击穿。式(2-18)也

适用于这种系统。

### 3. 增强激光功率密度的途径

在激光和材料相互作用的领域,经常需要较大幅度地改变作用于材料上的激光功率密度(或能量密度),即改变激光辐照条件。为此常采用以下几种方法:

(1)改变聚焦透镜到靶材的距离。当激光束与透明材料相互作用时,作用在靶材上的激光光斑面积越大,对应的能量密度越小,因而改变聚焦透镜到靶材的距离就能改变作用激光能量密度。此时需要注意的是,对透明材料而言,激光束从空气进入材料中时,由于材料的折射率比空气大,因而使焦距增加,对应的激光光斑处能量密度减小。

(2)改变激光器输出的功率或能量。改变激光器的泵浦能量就能改变其输出激光的能量或功率,因而可改变作用于材料的功率密度。

(3)改变激光的脉冲宽度。当作用激光能量一定时,激光脉冲宽度越宽,对应的功率越小。因而改变激光的脉冲宽度可较大幅度地改变作用激光功率密度。若将 $Q$ 开关激光改为自由振荡形式,则可使输出功率降低 $3\sim4$ 个数量级。反之亦然。

(4)改变激光光束截面的形状。激光通过球面透镜后为一圆锥光束,若用柱面透镜聚焦就可得到楔形光束,从而也就改变了作用在材料上激光的功率密度。

## 2.2 超声速流的基本理论

### 2.2.1 激波理论

超声速气流中存在着各种各样的激波,包括正激波、斜激波及弓形激波等曲线(曲面)激波,本小节首先对激波的基本理论进行介绍。

### 1. 定常正激波

在等熵流中,参数沿流线各点都是连续变化的,但是在可压缩气流中,存在一种流动间断的现象,这种现象称为激波,其特点是气流越过它时参数产生突跃,而且随之还有机械能的损失,这是个不可逆过程。因此,要掌握气体动力学的规律,必须把连续流和间断流都分别研究清楚。激波的一般形式是非定常曲线激波,这里所描述的定常正激波属于一维情况,所谓正激波就是激波面与气流方向垂直。超声速气流冲击到钝头的飞行器前缘时,将产生弓形激波,弓形激波的中段就属于正激波[2]。

活塞运动会产生最为简单的正激波,下面就以活塞运动为例进行说明。初始间断有时会被平滑掉,如在中心稀疏波的情形中就是如此,而另外一些以连续波形式开始的运动却又不能保证一直不出现间断。实际上,活塞的任何向前加速或向后减速,即使是缓慢的,最终也将导致速度、压力、密度和温度等物理参数的间断。

设在活塞右边的气体原来处于静止状态,压力为 $p_1$,让活塞向右移动,并在极短时间内速度增加到 $u_p$,将气体的压力提高到 $p_2$。如果将 $p_2-p_1$ 值分为无数个小扰动的叠加,那么每个小扰动都将以波速等于当地声速的压缩波向右传播。在绝热压缩条件下,后面的压缩波比前面的压缩波传播得快,因为后面的温度高,当地声速大。于是后面的压缩波不断赶上前面的压缩波,使得原来压力平缓变化的波阵面变为越来越陡的波阵面,最后压缩波叠加成一道正激波,使气流参数在很窄的区域内急剧变化。该正激波以定常速度 $U$ 离开活塞运动,并且速度 $U$ 是超声速的,它由静止气体的密度、声速及活塞速度 $u_p$ 唯一确定。在激波前气体是静止的,而在激波波后气体以常速 $u_p$ 运动。在 $(x,t)$ 平面上这种非常简单的运动由图 2-4 表示。当相继减小 $u_p$ 值时,激波线将趋于特征线 $x=c_0t$,并且穿越激波时的速度、压力和密度的跃变将趋向零。激波变为弱激波,并趋向声波扰动。

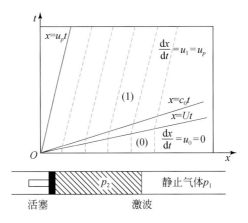

图 2-4 正激波的形成过程

若活塞向左加速到 $u_p$ 值,则将产生一系列膨胀波向右传播,膨胀波和压缩波正好相反,后面的波速一直小于前面的波速,使得波阵面越来越平缓,因此膨胀波不会叠加形成激波。

这里要区分两类间断面:接触面和激波阵面。接触面是将介质分为两部分且无任何气流通过的曲面,激波阵面是有气体穿过的间断面。气体进入激波阵面时所通过的那一面称为激波的波前,另一面则称为波后。从波前观察时激波阵面始终是以超声速运动,而从波后观察时则以亚声速运动。本小节讨论的是一维运动,所以激波阵面和接触面都被认为是垂直于 $x$ 轴的平面,在 $x$ 轴上由点来表示,在 $(x,t)$ 平面上由线来表示,以后将分别称作激波线或接触线。

由于激波是间断面,因此必须采用积分形式的基本方程。现在研究定常正激波,取一个包含正激波在内的开口系统(图 2-5),用下角标 1、2 分别表示激波前后的参数,$\rho$、$p$、$T$、$v$、$m_s$、$h$ 分别表示气流的密度、压力、温度、速度、质量和焓,可列出如下基本方程:

连续性方程

$$\rho_1 v_1 = \rho_2 v_2 = m_s \tag{2-20}$$

动量方程

$$p_1 + \rho_1 v_1^2 = p_2 + \rho_2 v_2^2 \tag{2-21}$$

能量方程

$$h_1 + \frac{v_1^2}{2} = h_2 + \frac{v_2^2}{2} \tag{2-22}$$

完全气体状态方程

$$p = \rho R T \tag{2-23}$$

对于量热完全气体,有

$$h = c_p T = \frac{\gamma}{\gamma - 1} \frac{p}{\rho} \tag{2-24}$$

式中,$c_p$ 为定压比热;$\gamma$ 为比热容比。

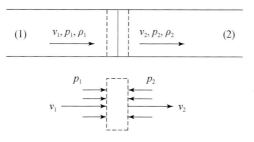

图 2-5　包含正激波的开口系统

研究表明,当激波较强(即 $p_2/p_1$ 较大)时,激波后面的温度较高,如当激波前的马赫数 $Ma_1 > 4$ 时,激波后的温度就会超过 1000K,气体分子的振动能开始激发,当温度更高时,会逐步产生离解其至电离。针对这种情况就必须考虑真实气体的效应。计算和实验表明,尽管强激波后密度和温度的真实值较以量热完全气体算出的相应数值相差很大,但是得到的激波后压力值却相差很小。因此,采用量热完全气体模型不仅对较弱的激波适用,对较强的激波来说计算压力比也是适用的。

1)正激波前后压力与密度的关系

下面首先建立激波前后热力学参数间的关系,便于将激波过程与等熵过程、加热流等进行对比,以达到了解激波过程的目的。由方程(2-20)和方程(2-21)可得

$$p_2 - p_1 = m_s(v_1 - v_2) = m_s^2 \left( \frac{1}{\rho_1} - \frac{1}{\rho_2} \right) = m_s^2 (\nu_1 - \nu_2) \tag{2-25}$$

式中,$\nu_1$ 和 $\nu_2$ 为激波前后的比容。该式表明,气流越过间断面时压力的增加必然引起速度的减小、密度的增加和比容的减小。该结论不仅适用于激波,而且也适用于爆震波等间断面。将能量方程(2-22)改写为

$$h_1 + \frac{m_s^2 \nu_1^2}{2} = h_2 + \frac{m_s^2 \nu_2^2}{2} \tag{2-26}$$

将式(2-25)和式(2-26)合并,得

$$h_1 - h_2 + \frac{1}{2} \left( \frac{1}{\rho_1} + \frac{1}{\rho_2} \right) (p_2 - p_1) = 0 \tag{2-27}$$

这就是激波前后热力学参数的关系式,其同样适用于非完全气体的情况。

在量热完全气体状态下,将式(2-24)代入式(2-27),得

$$\frac{p_2}{p_1} = \frac{\dfrac{\gamma+1}{\gamma-1} \dfrac{\rho_2}{\rho_1} - 1}{\dfrac{\gamma+1}{\gamma-1} - \dfrac{\rho_2}{\rho_1}} \tag{2-28a}$$

或

$$\frac{\rho_2}{\rho_1} = \frac{\dfrac{\gamma+1}{\gamma-1} \dfrac{p_2}{p_1} + 1}{\dfrac{\gamma+1}{\gamma-1} + \dfrac{p_2}{p_1}} \tag{2-28b}$$

式中,$\dfrac{p_2}{p_1}$ 与 $\dfrac{\rho_2}{\rho_1}$ 的关系称为 Rankine-Hugoniot 关系(简称 R-H 关系)。按方程(2-28a)绘制的曲线称为激波绝热线。当 $\dfrac{\rho_2}{\rho_1} > 1$ 时,在相同的 $\dfrac{\rho_2}{\rho_1}$ 值下,激波的 $\dfrac{p_2}{p_1}$ 大于等熵过程中的 $\dfrac{p_2}{p_1}$。但当 $\dfrac{\rho_2}{\rho_1} = 1 \sim 2$ 时,两者的差别非常小。激波绝热线存在一渐近线 $\dfrac{\rho_2}{\rho_1} = \dfrac{\gamma+1}{\gamma-1}$,这就是说,尽管气流通过激波后压力可以无限升高,但密度的增加却是有限的,最多只能增大 $\dfrac{\gamma+1}{\gamma-1}$ 倍。若气体的 $\gamma = 1.4$,则最大密度比 $\dfrac{\rho_2}{\rho_1} = 6$。

但考虑到真实气体效应后,密度比可达原来的 15~16 倍。从 R-H 关系与等熵关系的对比中可以证明,只有作为压缩突跃的激波才得以存在。

当 $\frac{\rho_2}{\rho_1} > 1$ 时

$$\left(\frac{p_2}{p_1}\right)_{激波} > \left(\frac{p_2}{p_1}\right)_{等熵} = \left(\frac{\rho_2}{\rho_1}\right)^{\gamma} \tag{2-29}$$

当 $\frac{\rho_2}{\rho_1} < 1$ 时

$$\left(\frac{p_2}{p_1}\right)_{激波} < \left(\frac{p_2}{p_1}\right)_{等熵} = \left(\frac{\rho_2}{\rho_1}\right)^{\gamma} \tag{2-30}$$

但

$$s_2 - s_1 = \frac{R}{\gamma - 1} \ln \frac{p_2/p_1}{(\rho_2/\rho_1)^{\gamma}} \tag{2-31}$$

根据熵增原理,$s_2$ 必大于 $s_1$,因此 $p_2/p_1$ 必须大于 $(p_2/p_1)^{\gamma}$,这相当于压缩突跃的情况。相反,若有膨胀突跃,则会出现 $s_2 < s_1$,也即熵减小了,这是不能成立的,因此没有膨胀突跃这种情况存在。

2)正激波前后速度间的关系

对于量热完全气体,动量方程可写为

$$v_2 - v_1 = \frac{p_1}{m_s} - \frac{p_2}{m_s} = \frac{p_1}{\rho_1 v_1} - \frac{p_2}{\rho_2 v_2} = \frac{c_1^2}{\gamma v_1} - \frac{c_2^2}{\gamma v_2} \tag{2-32}$$

式中,$c_1$ 和 $c_2$ 为声速,设 $c^*$ 为临界速度,将能量方程相应关系式

$$\frac{c_1^2}{\gamma - 1} = \frac{\gamma + 1}{\gamma - 1} \frac{c^{*2}}{2} - \frac{v_1^2}{2} \tag{2-33}$$

$$\frac{c_2^2}{\gamma - 1} = \frac{\gamma + 1}{\gamma - 1} \frac{c^{*2}}{2} - \frac{v_2^2}{2} \tag{2-34}$$

代入式(2-32),得

$$(v_2 - v_1)\left(1 - \frac{\gamma - 1}{2\gamma}\right) = \frac{\gamma + 1}{2\gamma} c^{*2} \frac{v_2 - v_1}{v_1 v_2} \tag{2-35}$$

引入无量纲速度

$$\lambda = \frac{v}{c^*} \tag{2-36}$$

由于激波前后 $v_1 \neq v_2$,因此有

$$v_1 v_2 = c^{*2} \quad 或 \quad \lambda_1 \lambda_2 = 1 \tag{2-37}$$

式(2-37)称为普朗特(Prandtl)公式。该公式表明,作为压缩突跃的正激波,$V_1 > V_2$,则激波前必是 $\lambda_1 > 1$,而激波后必是 $\lambda_2 < 1$,也就是说,在定常正激波中,激波前

一定是超声速气流,而激波后一定是亚声速气流。

3)正激波前后气流状态的变化

由连续性方程(2-20)和式(2-37)可得

$$\frac{\rho_2}{\rho_1} = \frac{v_1}{v_2} = \frac{v_1^2}{v_1 v_2} = \frac{v_1^2}{c^{*2}} = \lambda_1^2 = \frac{Ma_1^2}{1 + \dfrac{\gamma-1}{\gamma+1}(Ma_1^2-1)} \tag{2-38}$$

由动量方程(2-21)和式(2-38)可得

$$\frac{p_2}{p_1} = 1 + \frac{2\gamma}{\gamma+1}(Ma_1^2-1) = \frac{2\gamma}{\gamma+1}Ma_1^2 - \frac{\gamma-1}{\gamma+1} \tag{2-39}$$

根据量热完全气体状态方程可以得到激波前后的温度比

$$\frac{T_2}{T_1} = \frac{c_2^2}{c_1^2} = \frac{\dfrac{p_2}{p_1}}{\dfrac{\rho_2}{\rho_1}} = \frac{[2\gamma Ma_1^2-(\gamma-1)][(\gamma-1)Ma_1^2+2]}{(\gamma+1)^2 Ma_1^2} \tag{2-40}$$

激波前后马赫数关系式为

$$Ma_2^2 = \frac{1 + \dfrac{\gamma-1}{2}Ma_1^2}{\gamma Ma_1^2 - \dfrac{\gamma-1}{2}} \tag{2-41}$$

气流通过激波的机械能损失可用总压比来表示

$$\frac{p_{02}}{p_{01}} = \frac{p_{02}}{p_2}\frac{p_2}{p_1}\frac{p_1}{p_{01}} = \frac{\left(1+\dfrac{\gamma-1}{2}Ma_2^2\right)^{\frac{\gamma}{\gamma-1}}\left(\dfrac{2\gamma}{\gamma+1}Ma_1^2-\dfrac{\gamma-1}{\gamma+1}\right)}{\left(1+\dfrac{\gamma-1}{2}Ma_1^2\right)^{\frac{\gamma}{\gamma-1}}}$$

$$= \frac{\left(\dfrac{\dfrac{\gamma+1}{2}Ma_1^2}{1+\dfrac{\gamma-1}{2}Ma_1^2}\right)^{\frac{\gamma}{\gamma-1}}}{\left(\dfrac{2\gamma}{\gamma+1}Ma_1^2-\dfrac{\gamma-1}{\gamma+1}\right)^{\frac{1}{\gamma-1}}} \tag{2-42}$$

**2. 斜激波的波前与波后**

超声速飞行条件下,钝头体前端的弓形激波由中间段的正激波和两侧的斜激波组合而成,下面列出斜激波的基本方程,并与正激波的基本方程比较,从而找出斜激波与正激波的关系[3]。

按图 2-6 所示的虚线选择控制面,连续性方程可写为

$$\rho_1 v_{1n} = \rho_2 v_{2n} \tag{2-43}$$

动量方程在激波面的法向 n 和切向 t 的投影公式分别为

$$\rho_1 v_{1n}^2 + p_1 = \rho_2 v_{2n}^2 + p_2 \tag{2-44}$$

$$(-\rho_1 v_{1n}) v_{1t} + (\rho_2 v_{2n}) v_{2t} = 0 \tag{2-45}$$

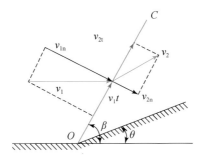

图 2-6 对斜激波取控制面

将式(2-45)除以式(2-43),即可得到斜激波理论的基本等式

$$v_{1t} = v_{2t} = v_t \tag{2-46}$$

由式(2-46)可知,气流穿过斜激波后,其流速的切向分量保持不变,产生突跃变化的只是流速的法向分量。

假定不计激波后气流的真实气体效应,有

$$p_1 v_{1n} - p_2 v_{2n} = -\rho_1 \left( e_1 + \frac{v_1^2}{2} \right) v_{1n} + \rho_2 \left( e_2 + \frac{v_2^2}{2} \right) v_{2n} \tag{2-47}$$

或

$$\left( h_1 + \frac{v_1^2}{2} \right) \rho_1 v_{1n} = \left( h_2 + \frac{v_2^2}{2} \right) \rho_2 v_{2n} \tag{2-48}$$

将式(2-48)代入式(2-43),得

$$h_1 + \frac{v_1^2}{2} = h_2 + \frac{v_2^2}{2} \tag{2-49}$$

由 $v^2 = v_t^2 + v_n^2$ 和 $v_{1t} = v_{2t}$,式(2-49)变为

$$h_1 + \frac{v_{1n}^2}{2} = h_2 + \frac{v_{2n}^2}{2} \tag{2-50}$$

把连续性方程(2-43)、动量方程(2-44)和能量方程(2-50)与正激波的基本方程相对比发现,只要用斜激波中的 $v_{1n}$ 和 $v_{2n}$ 替换正激波中的 $v_1$ 和 $v_2$(图 2-7),这两组方程就是完全相同的。由此可知,斜激波前后的气流在激波面上的法向分量符合正激波的规律,或者说,斜激波是由正激波与一个流速为 $v_t$ 的均匀气流叠加而成。因此,斜激波与正激波在本质上是相同的,之所以存在差异,是因为观察者处于不同的惯性参考系上。

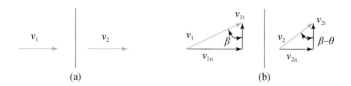

图 2-7　斜激波与正激波的关系

由此可以容易地从正激波的关系式中导出斜激波的关系式,只要把 $v_1$ 和 $v_2$ 分别换成 $v_{1n}$ 和 $v_{2n}$ 即可,从图 2-7 可知

$$v_{1n} = v_1 \sin\beta , \quad v_{2n} = v_2 \sin(\beta-\theta) \tag{2-51}$$

或

$$Ma_{1n} = Ma_1 \sin\beta , \quad Ma_{2n} = Ma_2 \sin(\beta-\theta) \tag{2-52}$$

斜激波的特点是新引入了两个参数:一个是激波角 $\beta$,即来流速度与激波面的夹角;另一个是气流偏转角 $\theta$,即 $v_1$ 和 $v_2$ 的夹角。气流通过斜激波后,向贴近激波面一边偏转。

1)R-H 关系

如前所述,斜激波可通过参考系的转换化为正激波,热力学参数不变。因此,斜激波的 R-H 关系与正激波是相同的,即

$$\frac{\rho_2}{\rho_1} = \frac{\dfrac{\gamma+1}{\gamma-1}\dfrac{p_2}{p_1}+1}{\dfrac{\gamma+1}{\gamma-1}+\dfrac{p_2}{p_1}} \tag{2-53a}$$

或

$$\frac{p_2}{p_1} = \frac{\dfrac{\gamma+1}{\gamma-1}\dfrac{\rho_2}{\rho_1}-1}{\dfrac{\gamma+1}{\gamma-1}-\dfrac{\rho_2}{\rho_1}} \tag{2-53b}$$

因此,如果经过斜激波后密度的变化和经过正激波后的变化相同,那么其压力的变化也相同。

2)普朗特关系式

斜激波的普朗特关系式可改写为

$$v_{1n}v_{2n} = c^{*^2} - \frac{\gamma-1}{\gamma+1}v_t^2 \tag{2-54a}$$

或

$$\lambda_{1n}\lambda_{2n} = 1 - \frac{\gamma-1}{\gamma+1}\left(\frac{v_t}{c^*}\right)^2 \tag{2-54b}$$

由式(2-54)可见,对于斜激波,因为 $\lambda_{1n} > 1$,所以 $\lambda_{2n}$ 必将小于 1,即 $v_{2n} < c^*$。$\lambda_{1n}$ 和 $\lambda_{2n}$ 相差的程度除了要看 $\lambda_{1n}$ 比 1 大多少外,还取决于 $v_t/c^*$ 的大小。但必须注意,虽然 $v_{2n} < c^*$,但 $v_2$ 是可以大于 $c_2$ 的,即在斜激波后的气流可以是超声速的,也可以是亚声速的。

3)斜激波波前波后参数计算

根据正激波的理论公式及斜激波与正激波之间的关系,可得气流通过斜激波时波前波后各参数之间的关系式如下:

密度和法向速度比

$$\frac{\rho_2}{\rho_1} = \frac{v_{1n}}{v_{2n}} = \frac{(\gamma+1)Ma_1^2\sin^2\beta}{2+(\gamma-1)Ma_1^2\sin^2\beta} \tag{2-55}$$

压强比

$$\frac{p_2}{p_1} = 1 + \frac{2\gamma}{\gamma+1}(Ma_1^2\sin^2\beta - 1) \tag{2-56}$$

温度比

$$\frac{T_2}{T_1} = \frac{[2\gamma Ma_1^2\sin^2\beta - (\gamma-1)][(\gamma-1)Ma_1^2\sin^2\beta + 2]}{(\gamma+1)^2 Ma_1^2\sin^2\beta} \tag{2-57}$$

4)激波角与气流偏转角的关系[4]

由以上各式可以看出,气流经过斜激波后,各参数的变化与该气流的比热容比 $\gamma$、波前马赫数 $Ma_1$ 及激波角 $\beta$ 有关,而激波角 $\beta$ 又与气流偏转角 $\theta$ 有关。

由图 2-7 可得

$$\tan\beta = \frac{v_{1n}}{v_t}, \qquad \tan(\beta-\theta) = \frac{v_{2n}}{v_t} \tag{2-58}$$

联立式(2-55)和式(2-58),可得

$$\frac{\tan\beta}{\tan(\beta-\theta)} = \frac{v_{1n}}{v_{2n}} = \frac{(\gamma+1)Ma_1^2\sin^2\beta}{2+(\gamma-1)Ma_1^2\sin^2\beta} \tag{2-59}$$

化简得

$$\tan\theta = 2\cot\beta\frac{Ma_1^2\sin^2\beta - 1}{Ma_1^2(\gamma+\cos2\beta)+2} \tag{2-60}$$

将式(2-60)绘制成曲线,如图 2-8 所示。图中每一条曲线表示在一个给定的 $Ma_1$ 下超声速气流的偏转角 $\theta$ 与激波角 $\beta$ 之间的关系。

分析图 2-8,可以得到如下一些斜激波的特征:

(1)在以下两种情况下,超声速气流遇到激波没有偏转。

①$Ma_1\sin\beta = 1$,即 $\sin\beta = 1/Ma_1 = \sin\mu$,此时激波角等于马赫角,斜激波的强度很弱,已经弱化为弱扰动波;

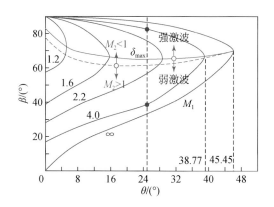

图 2-8 激波角 $\beta$ 与气流偏转角 $\theta$ 的关系曲线

②$\cot\beta=0$，即 $\beta=\pi/2$，此时斜激波的强度很强，强化为正激波的情况。

由此可知，微弱扰动波(包括马赫波中的膨胀波和压缩波)和正激波都可以看成是斜激波的一种特殊情况。

(2)每个 $Ma_1$ 对应的曲线都有一个顶点，这个顶点对应的气流偏转角就是该马赫数下气流通过斜激波时所能偏转的最大角度 $\theta_{max}$。如果被绕流体的偏转角大于该值，那么气流通过激波后的压强值就会大到使激波不能稳定地附着在物体上，从而迫使激波向前移动，成为脱体激波。当 $Ma_1$ 一定时，越是钝头的物体($\theta$ 越大)，激波被向前推移得越远。钝头体飞行器以超声速飞行时，气流绕过时常出现脱体激波就是这个原因。

(3)对于任意给定的 $Ma_1$ 和 $\theta$($Ma_1>1$，$\theta<\theta_{max}$)，由式(2-60)和图 2-8 可以得到两个 $\beta$，假定为 $\beta_1$ 和 $\beta_2$，$\beta_1<\beta_2$。对应的 $\beta_1$ 激波强度弱，对应的 $\beta_2$ 激波强度强。实验表明，通常出现的是对应弱激波的 $\beta_1$。因为当 $Ma_1$ 一定时，气流偏转角由 $\theta_{max}$ 减小为 $0$ 时，激波的强度应该在减弱，$\beta$ 角也逐渐减小。因此，能够出现的是较小的激波角 $\beta_1$，而不是较大的激波角 $\beta_2$。

(4)超声速气流流过楔形物体的情况与半楔角 $\theta$(也即气流偏转角)的值有关。当 $\theta$ 较小时，在楔形物体的尖端产生两道附体斜激波，激波后的气流仍然是超声速，只有当气流偏转角增大到一定值时，激波后的气流才为亚声速。当气流偏转角大到对应 $Ma_1$ 的最大偏转角 $\theta_{max}$ 时，附体激波就脱体向前移动，变成脱体激波。脱体激波的中间部分与气流方向垂直，与正激波一致，两侧的激波角逐渐减小。因此，脱体激波可被看做中间部分的正激波和两侧斜激波的组合，激波强度从中间向两侧逐渐减小。

(5)图 2-8 中有两条曲线：一条是不同 $Ma_1$ 下的 $\theta_{max}$ 连线，在图中以实线表示，称为最大气流偏转角线;另一条是斜激波后 $Ma_2=1$ 的虚线,称为波后亚超分界线。分界线的上部是波后流速为亚声速的区域,下部是波后流速为超声速的区域。流体流过正激波时,超声速流变成亚声速流;而通过斜激波时,超声速流可以变成亚声速流,也可以是超声速流,只不过 $Ma_2 < Ma_1$。而且从图 2-8 中还可以看出,在一般情况下,超声速流通过斜激波后仍是超声速流。这是因为,前文已经说明,最大气流偏转角线上部对应的 $\beta_2$ 角的范围,一般不会出现。只有落在最大偏转角线(实线)和分界线(虚线)之间很窄的范围内波后流动才是亚声速的。另外,无论来流的 $Ma_1$ 多大,当波后流速为声速时,即 $Ma_2=1$ 时,气流偏转角趋于最大值 $\theta_{max}$,原因是分界线和最大偏转角线十分接近。

### 3. 激波极线

激波极线是速度平面上表示 $v_1$ 和 $v_2$ 关系的曲线,借助它不仅便于直观地了解斜激波前后的速度变化关系,而且可以清楚地描述激波的相交与反射等现象。

利用斜激波的普朗特关系

$$v_{1n}v_{2n} = c^{*2} - \frac{\gamma-1}{\gamma+1}v_t^2 \tag{2-61}$$

速度 $v$ 在 $x$ 轴和 $y$ 轴上的分量分别用 $v_x$ 和 $v_y$ 表示,取 $x$ 轴的方向与 $v_1$ 相同,将几何关系带入普朗特关系中,经整理得激波极线方程

$$v_{2y}^2 = (v_1 - v_{2x})^2 \frac{v_{2x} - \dfrac{c^{*2}}{v_1}}{\dfrac{2}{\gamma+1}v_1 + \dfrac{c^{*2}}{v_1} - v_{2x}} \tag{2-62a}$$

或

$$\lambda_{2y}^2 = (\lambda_1 - \lambda_{2x})^2 \frac{\lambda_1\lambda_{2x} - 1}{\dfrac{2}{\gamma+1}\lambda_1^2 - \lambda_1\lambda_{2x} + 1} \tag{2-62b}$$

在给定 $\lambda_1$ 后,就可以在速度平面上绘制出 $\lambda_{2x}$ 和 $\lambda_{2y}$ 的曲线,它是次蔓叶线,称为激波极线,如图 2-9 所示。如果给定激波前的来流参数及激波后的偏转角 $\theta$ 或激波角 $\beta$,那么可以从激波极线图上求得激波后的流速 $\lambda_2$,从而可以得到波后的其他参数。

从激波极线图上可以看出,在某一给定的 $\lambda_1$ 下,对应某一偏转角 $\theta$ 有三个解,即图 2-9(b)中的三个交点 1,2,3。点 3 相当于膨胀的情况(因为 $v_2 > v_1$),这违反热力学第二定律,因为若有此解存在,则可以证明熵是减小的,所以点 3 没有实际意义,应该去掉。点 2 相当于弱激波的情况,点 1 相当于强激波的情况。

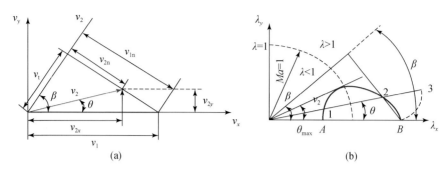

图 2-9　激波极线图

由激波极线图还可以看出以下性质：

在某一给定的 $\lambda_1$ 下，有一最大的 $\theta_{\max}$ 角，即与激波极线相切的 $\lambda_2$ 和水平轴 $\lambda_x$ 间的夹角。当 $\theta > \theta_{\max}$ 时，没有斜激波解，此时产生脱体激波，超声速飞行器钝头体前缘形成的弓形激波即为此种激波。也就是说，在某一给定的 $\theta$ 角下，有一最小的 $\lambda_1$，小于此值时，没有斜激波解。若增大来流 $\lambda_1$，则 $\theta_{\max}$ 也增大。当 $\theta = \theta_{\max}$ 时，激波后的气流是亚声速的（$\lambda_2 < 1$）。

图 2-9(b)中，在激波极线的 A 点和 B 点，$\theta = 0$，即气流不偏转。在 A 点处，$v^2 = \dfrac{c^{*2}}{v_1}$，即 $v_1 v_2 = c^{*2}$，这对应于正激波的情况。在 B 点处，$v_1 = v_{2x}$，这对应于马赫波的情况，气流通过马赫波时速度变化很小。可以证明，激波极线上 B 点的切线与 $\lambda_x$ 轴的夹角为 $\dfrac{\pi}{2} - \mu$，其中 $\mu$ 是马赫角。

图 2-9(b)中，虚线半圆（$\lambda = 1$）与激波极线的交点表示激波后产生 $Ma_2 = 1$ 的工况，此时气流的偏转角即为 $\theta^*$，由该图可知，$\theta^*$ 稍小于 $\theta_{\max}$。

## 2.2.2　高超声速流动特征

人们普遍将马赫数大于 5 的飞行称为高超声速飞行，然而马赫数并不能作为判别高超声速飞行的唯一标准，小至 3 或者高达 12 的马赫数都有可能是高超声速的临界马赫数。概括地讲，当飞行器的飞行马赫数增加时，某些物理现象变得越来越明显的流动就是高超声速流动。这些现象是区分超声速流动和高超声速流动的主要特征，包括由于流动马赫数很高而产生的高度非线性流体力学特征和由于流动能量很大而引起的高温物理化学特性。之所以将高超声速区别于超声速作为独立的研究领域，主要是因为高超声速流动具有以下基本特征[5]：

1) 激波层很薄

高超声速来流在钝头体前受到强烈压缩,形成了脱体的弓形头激波,激波和飞行器表面之间的流场称为激波层。当飞行马赫数很高时,激波层会很薄。例如,当马赫数高达 36 时,完全气体绕过一个楔角为 15° 的尖楔,由斜激波理论可知,激波角只有 18°。如果考虑真实气体效应,那么激波角会更小。包括牛顿理论在内的高超声速无黏流动的近似分析方法就是根据激波层很薄的特征建立的。另外,当雷诺数较低时,由于激波层很薄,而黏性边界层又很厚,因此必须在整个激波层内都考虑黏性。

2) 弓形激波引起的熵梯度很大

高超声速飞行器的前缘一般都是钝头体,钝头体在超声速气流中会产生弓形激波。在前缘轴线附近,激波角接近 90°,近乎正激波。经过这段激波的流线在激波后的熵值增加较少,因此在飞行器接近前缘的区域内,垂直于飞行器表面的方向存在很大的熵梯度,即在飞行器表面附近形成一层低密度、中等超声速、低能、高熵、大熵梯度的气流,即熵层。由克罗柯(Crocco)定理可知,熵层也是涡量很大的区域,这种情况下很难利用经典的边界层理论确定边界层外缘条件。

3) 无黏流与边界层之间存在相互干扰

高超声速条件下,气流的很大一部分动能在边界层中转化为内能,使得边界层内温度很高。温度升高使得黏性系数增加,边界层也随之增厚。另外,在垂直于飞行器表面的方向,边界层内的压力不变。温度增加引起密度减小,由质量守恒定律可知,此时边界层厚度会增加,往往与激波层相当,比低速时厚很多。厚的边界层将使外部的无黏流动产生很大变化,无黏流的变化又影响边界层的发展,这种无黏流和边界层之间的相互干扰称为黏性干扰。当边界层不断增厚,使得边界层和激波层完全融合时,边界层的概念不再适用,必须在整个激波层内都考虑黏性。

4) 真实气体效应

高超声速飞行器前缘弓形激波后的高温和飞行器表面边界层中的高温可以激发气体分子的振动,引起离解甚至产生电离。如果飞行器表面采用烧蚀防热,那么烧蚀产物将进入边界层,进而产生复杂的化学反应。此时,完全气体假设不再适用,必须考虑高温真实气体效应。实际上,当温度升高到约 800K 时,空气分子振动能就被激发,空气定压比热 $c_p$ 和定容比热 $c_v$ 是温度的函数,空气比热容比 $\gamma = c_p/c_v$ 不再是常数 1.4。当温度达到 2500K 时,空气中的氧分子开始离解,达到 4000K 时,氧分子几乎全部离解,在该温度下,氮分子开始离解,当温度达到 9000K 时,绝大部分氮分子已经离解完毕,氧原子和氮原子开始电离,形成部分电离的等离子体。同时在 4000～6000K,由于化学反应而形成少量 NO 分子,其中部分电离成 NO$^+$ 离子和自由电子 e$^-$。在高超声速流领域,通常称这些现象为高温真实气体效应。概括来讲,就是指空气(或其他气体)在高温下产生的振动能激发、分子离解、原子复合、组元之间化学反应,以及电离等现象对流场参数的影响。

在高超声速流中,当流场中化学反应速率为 0,即无化学反应时,称为化学冻结流;当化学反应速率无限大,即化学反应瞬间完成时,称为化学平衡流;而以有限速率进行的化学反应称为化学非平衡流。

真实气体效应对高超声速飞行器的气动力具有重要影响,特别是对具有复杂外形的飞行器,影响很大。另外,真实气体效应对高超声速飞行器的气动加热将产生十分显著而又复杂的影响。此外,电离产生的自由电子可以吸收电磁波,使得电磁波既不能传入飞行器内部,也不能从飞行器内部传出,这种现象称为通信中断。

## 2.3　激光能量沉积理论

### 2.3.1　空气的光学击穿

在激光束的强电场作用下,空气发生电离,出现自由电子,强烈吸收激光,温度上升,造成压力急剧升高,体积膨胀,发生小范围内的爆炸现象,称为光学击穿。导致空气发生光学击穿的机制有两种:一种是多光子吸收,是指一个原子同时吸收一定数量的光子,这些光子的总能量加起来能使原子电离;另一种是级联电离,即自由电子通过与原子发生碰撞以获得足够的能量使原子电离。

由于多光子吸收只是单个原子的状态跃迁过程,与电子一原子碰撞无关,因此当空气密度(或压力)降低到一定程度后,多光子吸收引起的光学击穿激光强度阈值就与空气压力无关。多光子吸收应当是很低气压的空气中占主导地位的激光吸收机制,但与激光波长和气体的电离势关系很密切。

级联电离模型将空气的击穿过程分为四步,其过程如图 2-10 所示。

第一步,激光聚焦区域中对一个气体分子进行多光子撞击,直到一个电子摆脱其束缚能(氮约为 14.5eV)得到释放。大部分的气体电离需要 10eV 以上的能量。Meyerand 和 Haught[6,7]提出了一种可以确定一些气体辐射阈值的实验方法。因为释放一个电子所需的能量多于单个光子碰撞所吸收的能量,因此,需要多光子撞击一个原子或分子。当达到辐射通量密度时,多光子撞击将释放出电子。

第二步,电子的级联电离开始出现。一旦在光学击穿区域由多光子撞击产生"种子"电子,这些电子将撞击别的原子或分子,从而导致更多电子的释放。电子与

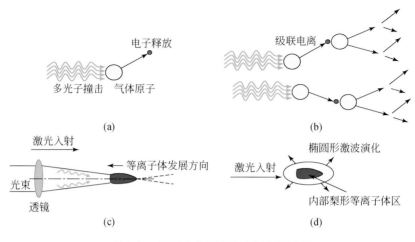

图 2-10　级联电离模型的空气击穿过程

分子撞击前后对光子的逆韧致吸收是此区域的电子能量主要来源。该过程与电子通过韧致过程释放光子降低速度相反。聚焦区域的多光子碰撞持续进行,自由电子持续撞击原子,形成电子崩。气体的电离迅速进行,此时形成等离子体。

第三步,等离子体吸收入射激光的能量,并且朝着激光入射的方向发展。因此,在激光沉积区域形成一个梨形的等离子体区域。

第四步,等离子体形成,并且在激光聚焦区域形成爆轰波,迅速传播到周围的区域。激光聚焦区域温度升高,压力也相应升高,激波的膨胀过程使得气体变稀薄,密度相应减小。

### 2.3.2　等离子体与激光能量的相互作用

等离子体通过多种机制吸收在其中传播的激光束的能量,使自身的温度升高、电离度增大。吸收激光的机制可分为正常吸收和反常吸收两大类。正常吸收也就是逆韧致吸收,是指处于激光电场中的电子被激励发生高频振荡,并且以一定概率与粒子(主要为离子)相碰撞,把能量交给较重的粒子(离子、原子),从而使等离子体升温。正常吸收又可分为线性(电子速度分布为麦克斯韦分布)与非线性(电子速度分布函数与激光电场有关)两类,非线形情况发生在激光电场足够高时。

反常吸收是指通过多种非碰撞机制,使激光能量转化为等离子体波能量的过程。这些波所携带的能量,通过各种耗散机制转化为等离子体的热能,也会使等离子体升温。反常吸收又可分为共振吸收和多种非线性参量不稳定性产生的吸收两类。共振吸收是在临界面附近将 $P$ 极化激光束的能量转换为电子 Langmuir 波能量,导致参量不稳定性的原因可视为激光衰变为其他波,包括不同于激光频率的电磁波(称为散射)。此外,激光束还可以在等离子体中自聚焦,甚至变成一根根的丝(成丝现象)。这些相互作用不是孤立的,往往存在相互竞争和耦合。对于短波长激光($\lambda_0 \leqslant 0.35 \mu m$),碰撞吸收是主要的,它抑制了其他吸收过程。

激光等离子体处于高温高压状态,要向四周膨胀,会与周围的空气形成一个间断面,在该间断面前后气体的速度、压力、温度等热力学参量发生了强烈变化,该间断面称为激波。

在高度电离的介质中光量子要被强烈地吸收,所以说等离子体区对激光来说是不透明的,也即发生了等离子体屏蔽效应。由于激波是高速传播的,激波扫过的区域空气被电离形成等离子体,等离子体吸收了激光的大部分能量,因此使得激光能量不能沉积在设计的焦点上。

等离子体屏蔽能量的程度可以用一个物理量来描述,即等离子体屏蔽系数,其定义为等离子体吸收的能量与入射激光能量的比值。

如前所述,等离子体对激光能量的吸收机制主要是逆韧致吸收,假设气体已经达到了高度电离和高温的条件,激光照射时,其大部分能量将在近于一个自由程的层内被吸收。当光束通过单位光学厚度,即一个辐射自由程后,其能量衰减为原来的 $1/e$。

逆韧致吸收系数为 $\mu_\nu$,辐射自由程 $l_\nu = 1/\mu_\nu$。可以看出,辐射自由程极大地依赖于气体的温度和密度,由等离子体屏蔽系数的定义可知,其表达式为

$$\eta' = 1 - \exp\left[-\int_0^l \mu_\nu(x) \mathrm{d}x\right] \tag{2-63}$$

式中,$l$ 为等离子体区域的长度。

在标准密度的空气中,当温度为 20000K 时,电子数密度 $N_e$ 取 $10^{18} \mathrm{cm}^{-3}$,对于 $CO_2$ 激光,波长 $\lambda = 10.6 \mu m$,得 $\mu_\nu \approx 8 \mathrm{cm}^{-1}$。假设有一厚度为 0.5cm 的等离子体,这一部分等离子体的不透明度为

$$\eta' = 1 - \exp\left[-\int_0^{0.5} 8 \mathrm{d}x\right] = 1 - 0.0183 = 98.17\% \tag{2-64}$$

式(2-64)表明,厚度为 0.5cm 的等离子体可以吸收 98.17% 的入射激光能量,有 1.83% 的激光能量穿过这部分等离子体区继续传播。

### 2.3.3 激光维持的吸收波

目前的研究表明,产生激光维持的吸收波有如下三种不同且相互独立的机制[9,10]:

（1）如果焦点处的辐射能流显著地超过了击穿阈值，那么该能流在向着透镜方面扩展的某一段光路内是超阈的。在这一部分光路内也要发生击穿，但要比最窄的地方迟缓一些，光路的截面越大，即光流越小，迟缓得越厉害。这就是说，迎着光束有一个击穿波在运动。

（2）吸收层中的热气体要膨胀，并向着所有方向（包括向顺着光路迎着光束的方向）发出一个激波。激波扫过的气体要被加热和电离，所以气体中吸收光和释放能量的区域就要跟随在激波阵面之后向前移动。这个流体动力学的机制与炸药中的爆震有很多相似之处。

（3）由于吸收了来自高热气体区域（吸收波阵面之后）的热辐射，因此吸收层之前的气体被电离并获得吸收光的能力，这种机制称为辐射机制。

这些机制中每一种机制的效能均由它所给出的吸收波的移动速度来表征，并且实际的波以所有可能速度中的最大速度运动（估算表明，在吸收层之前，与电子热传导和电子扩散有关的加热和电离所起的作用很小）。

可以把吸收波看成是流体动力学的间断，在随波运动的坐标系中，过程是准静态的。实际上，在波通过小于自己宽度 $\Delta x$ 的距离所需要的时间 $\Delta t$ 内，光流和波速 $D = \Delta x / \Delta t$ 都来不及发生强烈变化（$\Delta x \approx l_\nu \leqslant 10^{-2}\,\mathrm{cm}, D \approx 100\,\mathrm{km/s}, \Delta t \leqslant 10^{-9}\,\mathrm{s}$）。

激光维持的吸收波包括激光维持的燃烧波和激光维持的爆轰波两种，从根本上说都是激光击穿空气产生等离子体的结果，但也有所不同，两者可以相互转化。

激光维持的燃烧波和爆轰波的根本区别在于其波阵面是否与前驱激波阵面重合。激光维持的燃烧波前面运动的激波对激光透明，后面的等离子体区是激光吸收区，以亚声速向前传播，典型速度是每秒几十米，依靠输运机制（热传导、热辐射和扩散）使其前方冷气体加热和电离，从而维持燃烧波及其前方激波的传播，等离子体温度为 $1 \sim 3\,\mathrm{eV}$；激光维持的爆轰波的激波阵面也就是激光吸收区，被吸收的激光能量维持激波的传播，激光维持的爆轰波相对于波后介质超声速传播，其速度可达每秒几千米至上百千米，等离子体温度约为 $10\,\mathrm{eV}$。

发生激光维持的燃烧波和爆轰波现象与不同的激光功率密度相对应。当入射激光功率密度较低时，空气被部分电离和加热，冷热气体界面以亚声速传播，形成激光维持的燃烧波；随着激光功率密度的增加，等离子体对激光的吸收加强，等离子体的膨胀速度加快，当等离子体的膨胀速度相对于当地粒子运动速度达到声速时，激光维持的燃烧波转变为爆轰波。

# 2.4 激光空气锥减阻基本理论

## 2.4.1 概念及原理

尖头体(锥型)飞行器超声速飞行时,前缘产生斜激波,斜激波与前缘之间的高压区域对飞行器产生阻力,即波阻。尖头体的波阻随着尖角变小而急剧下降。利用这一原理,人们设计出了超声速飞行器尖锐的流线型前缘和飞行器前缘的前伸针状物,如图 2-11(a)所示。

钝头体飞行器以超声速飞行时,由于钝头体的阻挡和干扰,气流偏转角已经大于最大气流偏转角 $\theta_{max}$,激波不能附着于钝头体前缘,会形成弓形脱体激波,弓形激波与前缘之间的高压区域会对飞行器产生较大的波阻,如图 2-11(b)所示。然而,如果钝头体前缘有个不易被气动热烧蚀的"锥",那么可以显著减小波阻。为形成这种"锥",可在钝头体飞行器前端注入激光能量,形成激光等离子体高温高压区域,从而将弓形激波变为斜激波,减小波阻,这种"锥"被称为激光"空气锥",如图 2-11(c)所示[11]。

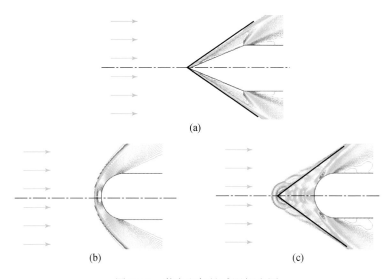

(a)

(b)                    (c)

图 2-11  激光空气锥减阻概念图

超声速来流绕过钝头体时在前缘出现弓形脱体激波,而脱体激波的中间部分与气流方向垂直,激波角 $\beta \approx 90°$,正激波后是亚声速区,压力极大,因此造成激波阻力(波阻)很大。当激光能量注入飞行器上游轴线上,并且单位体积内的沉积能量大于空气的击穿阈值时,发生空气击穿,形成激光等离子体。激光等离子体形成以后,出现激光维持的爆轰波。在超声速气流的作用下,激光维持的爆轰波传播到钝头体表面,等离子体的热效应改变了飞行器前部弓形激波结构,形成激光维持的空气锥,其结构示意图如图 2-12 所示。弓形激波的顶部由于受到能量沉积而形成的爆轰波内高温低密度区域的影响,被拉向前部,形成了一个类似于斜激波的结构,使波后压力变小。钝头体所受到的阻力是钝头体表面压力的积分,因此钝头体所受到的阻力也大大降低。

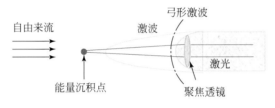

图 2-12　激光空气锥示意图

平均功率为 1kW 的激光能量注入来流马赫数为 2 的超声速流场中,能量沉积区域下游超声速流场压力及马赫数云图如图 2-13 所示。从图中可以看出,能量在超声速流场中沉积,形成锥状结构。能量沉积区域下游流场压力基本不受影响,在能量沉积区域附近马赫数减小,形成亚声速区,随着观察点远离能量沉积区,马赫数增大,但在轴线附近仍小于原来流马赫数。

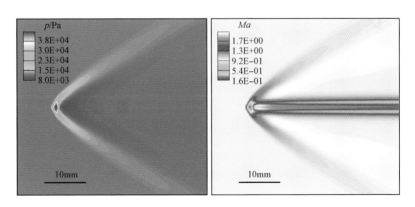

图 2-13　流场的压力及马赫数云图

激光空气锥内气体压力、马赫数、温度及速度沿 $x$ 轴的分布如图 2-14 所示,从图中可以看出,在能量沉积区会形成一相对高压区,此区域最高压力约为来流压力的 2.4 倍,随后压力逐渐降低,直到降至来流压力。由于在超声速流场中注入能量,增加了气体的内能,因此能量沉积区域下游气体温度升高,温度升高加速了气体的运动。从图中可以看出,气体的运动速度较原来有所增加,约为原流场速度的4倍。气体的运动速度虽然较之前增大,但是由于气体的温度升高的幅度更大,因此沉积区域下游马赫数降低,且形成了局部的亚声速区($Ma/Ma_\infty<0.5$)。

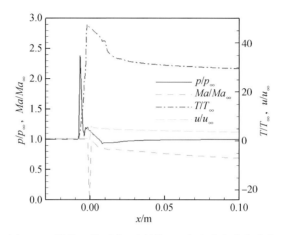

图 2-14  轴线上的压力、马赫数、温度及速度分布曲线

由以上分析可以看出,由于能量的注入,超声速流场扰动区马赫数会下降,温度会急剧升高,在此条件下,能量注入后的流场温度约为原气体温度的 30 倍。温度增加会导致钝头体表面压力下降,因此,研究能量注入对流场演化的影响可为揭示减阻性能参数的变化规律提供理论基础。

## 2.4.2  减阻性能指标

对超声速飞行器的激光空气锥减阻而言,注入的激光能量越多,减小的阻力值肯定越大,但必须考虑实际的能耗比和成本。

衡量减阻性能的优劣主要有两个关键参数:减阻百分比和能量效率。显然,减阻百分比越大,能量效率越高,减阻性能就越好。可见,减阻百分比大,就要求注入的能量大,但是要使能量效率高,注入的能量越小越好,两者又是相互制约的。如何在特定任务需求下找到最佳性能参数,是减阻性能优化设计的关键。

减阻百分比 $\eta$ 定义为由于能量注入而减小的阻力与基准阻力(无能量注入时飞行器受到的阻力)之比,其表达式为

$$\eta=\frac{\Delta D}{D_{\mathrm{ref}}}=\frac{D_{\mathrm{ref}}-D_{\mathrm{mod}}}{D_{\mathrm{ref}}} \tag{2-65}$$

式中,$\Delta D$ 为阻力的变化量;$D_{\mathrm{ref}}$ 为基准阻力;$D_{\mathrm{mod}}$ 为注入能量后的阻力。

能量效率 $S$ 定义为由于阻力减小节省的能量与注入能量之比,其表达式为

$$S = \frac{(D_{\mathrm{ref}} - D_{\mathrm{mod}})V_\infty}{Q} = \frac{D_{\mathrm{ref}}V_\infty}{Q}\eta \tag{2-66}$$

式中,$Q$ 为注入的平均功率;$V_\infty$ 为来流速度。

## 参 考 文 献

[1]洪延姬,金星,李倩,等. 吸气式脉冲激光推进导论[M]. 北京:国防工业出版社,2012.

[2]柯朗 R,弗里德里克斯 K O. 超声速流与冲击波[M]. 李维新,徐华生译. 北京:科学出版社,1985.

[3]童秉纲,孔祥言,邓国华. 气体动力学[M]. 北京:高等教育出版社,1990.

[4]罗惕乾,程兆雪,谢永曜. 流体力学[M]. 北京:机械工业出版社,2010.

[5]黄志澄. 高超声速飞行器空气动力学[M]. 北京:国防工业出版社,1995.

[6]Meyerand R G,Haught A F. Gas breakdown at optical frequencies[J]. Physical Review Letters,1963,11(9):401-403.

[7]Meyerand R G,Haught A F. Optical-energy absorption and high-density plasma production[J]. Physical Review Letters,1964,13(1):7-9.

[8]Goldston R J,Rutherford P H. Introduction to Plasma Physics[M]. New York:Institute of Physics Publishing,1995.

[9]Morgan G C. Laser-induced breakdown of gases[J]. Rep. Prog. Phys. ,1975,38:621-665.

[10]Root R G. Modeling of Post-breakdown Phenomena[M]. New York:Marcel Dekker. Inc. 1989.

[11]方娟. 激光空气锥减小超声速飞行器波阻的方法研究[D]. 北京:装备学院博士学位论文,2012.

# 第 3 章　激光空气锥减阻的理论与数值研究方法

理论分析和数值计算是研究流体力学必不可少的方法,可为实验提供有理有据的指导,本章主要从这两方面对激光空气锥减阻所涉及的研究方法进行介绍,重点是数值计算方法。

## 3.1　理论分析方法

激光能量沉积形成的等离子体与弓形激波作用的主要过程也即高温低密度区与弓形激波的相互作用过程,在流动图谱中表现为使弓形激波结构发生变化。把能量沉积产生的高温低密度区简化为一高温低密度区间断面,弓形激波中部简化为正激波,则间断面与正激波的相互作用可用图 3-1 表示[1],横坐标 $x$ 表示间断面与弓形激波的相对位置,纵坐标 $t$ 为时间轴。

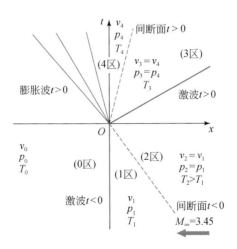

图 3-1　间断面与激波的相互作用示意图

设来流方向自右向左,来流马赫数 $Ma_\infty = 3.45$,$t < 0$ 时,间断面向激波方向移动,在 $t = 0$ 时刻间断面与激波相遇,并在 $t > 0$ 后开始相互作用。设 $t < 0$ 时,激波后(0 区)参数分别为 $v_0$、$p_0$、$T_0$,来流参数(1 区)分别为 $v_1$、$p_1$、$T_1$,间断面后(2区)参数为 $v_2$、$p_2$、$T_2$,$t > 0$ 时,间断面右侧(3 区)和左侧(4 区)参数分别为 $v_3$、$p_3$、

$T_3$ 和 $v_4$、$p_4$、$T_4$。

在上述假设和来流参数(即 1 区参数)已知的情况下,根据 2.2.1 节正激波关系式(2-38)~式(2-40),可得 1 区和 0 区参数之间的关系式为

$$\frac{p_0}{p_1} = \frac{2\gamma}{\gamma+1}Ma_\infty^2 - \frac{\gamma-1}{\gamma+1} \tag{3-1}$$

$$\frac{v_0}{v_1} = \frac{2+(\gamma-1)Ma_\infty^2}{(\gamma+1)Ma_\infty^2} \tag{3-2}$$

$$\frac{c_0}{c_1} = \left\{ \left[\frac{2\gamma Ma_\infty^2 - (\gamma-1)}{\gamma+1}\right]\left[\frac{(\gamma-1)Ma_\infty^2+2}{(\gamma+1)Ma_\infty^2}\right] \right\}^{0.5} = \left(\frac{p_0}{p_1}\frac{v_0}{v_1}\right)^{0.5} \tag{3-3}$$

式中,$c$ 为声速;下标表示区数;$Ma$ 为马赫数,下标表示区数;$\gamma$ 为比热容比。

1 区与 2 区为温度间断面,假设 $T_2/T_1$ 已知,则 1 区和 2 区的参数关系可表示为

$$p_2 = p_1 \tag{3-4}$$

$$c_2 = \left(\frac{T_2}{T_1}\right)^{1/2} c_1 \tag{3-5}$$

$$Ma_2 = \frac{v_1}{c_2} = \frac{c_1 Ma_\infty}{c_2} = Ma_\infty \left(\frac{T_1}{T_2}\right)^{1/2} \tag{3-6}$$

在激光等离子体的作用下,正激波向上游突出,形成类似斜激波的结构。因此,认为 2 区和 3 区之间满足斜激波关系式,假设斜激波角为 $\beta$,则 3 区参数为

$$\frac{p_3}{p_2} = \frac{2\gamma}{\gamma+1}Ma_2^2 \sin^2\beta - \frac{\gamma-1}{\gamma+1} \tag{3-7}$$

$$\frac{T_3}{T_2} = \frac{2\gamma Ma_2^2 \sin^2\beta - (\gamma-1)}{\gamma+1} \frac{2+(\gamma-1)Ma_2^2 \sin^2\beta}{(\gamma+1)Ma_2^2 \sin^2\beta} \tag{3-8}$$

$$\frac{v_{3n}}{v_{2n}} = \frac{\dfrac{2}{\gamma-1} + Ma_2^2 \sin^2\beta}{\dfrac{\gamma+1}{\gamma-1}Ma_2^2 \sin^2\beta} \tag{3-9}$$

式中,$v_{2n}$ 和 $v_{3n}$ 分别为 2 区和 3 区的法向速度。

把坐标系建立在初始激波上,则膨胀波左侧相对速度为

$$\dot{u}_l = u_0 - c_0 - v_\infty \tag{3-10}$$

式(3-10)两侧同时除以 $c_1$,得

$$\frac{\dot{u}_l}{c_1} = \frac{u_0 - c_0 - v_\infty}{c_1} = \frac{u_0 - c_0}{c_1} - Ma_\infty \tag{3-11}$$

$$\frac{\dot{u}_l}{c_1} = \frac{c_0 Ma_0 - c_0}{c_1} - Ma_\infty = \frac{c_0(Ma_0 - 1)}{c_1} - Ma_\infty \tag{3-12}$$

在来流马赫数已知的情况下,根据式(3-3)可得 $Ma_0$ 和 $c_0/c_1$,将参数的数值带

入式(3-12),有

$$\frac{\dot{u}_l}{c_1} = 1.8019 \times (0.453 - 1) - 3.45 = -4.43 \tag{3-13}$$

因此可以得出,膨胀波左侧的速度相对于原激波向左移动,即向着飞行器前缘壁面方向移动。

激波的相对速度可表示为

$$\frac{c_s - v_\infty}{c_2} = \sqrt{\frac{\gamma+1}{2\gamma}\frac{p_3}{p_2} + \frac{\gamma-1}{2\gamma}} \tag{3-14}$$

$$\frac{c_s - v_\infty}{c_2}\frac{c_2}{c_1} = \sqrt{\frac{\gamma+1}{2\gamma}\frac{p_3}{p_2} + \frac{\gamma-1}{2\gamma}}\frac{c_2}{c_1} = Ma_2 \sin\beta \sqrt{\frac{T_2}{T_1}}$$

$$= Ma_\infty \sqrt{\frac{T_1}{T_2}}\sin\beta \sqrt{\frac{T_2}{T_1}} = Ma_\infty \sin\beta \tag{3-15}$$

当 $\beta$ 位于 $0°$ 和 $90°$ 之间时,有

$$0 \leqslant \frac{c_s - v_\infty}{c_2}\frac{c_2}{c_1} = \frac{c_s - v_\infty}{c_1} \leqslant Ma_\infty = 3.45 \tag{3-16}$$

激波相对速度大于0,即向右移动。

由式(3-4)、式(3-6)和式(3-7)可得 3 区压力 $p_3$ 与斜激波角 $\beta$ 的曲线关系,如图 3-2 所示。从图中可以看出,斜激波角越小,3 区压力也就越小,并且随着间断面温度比的增加,波后压力也逐渐减小。

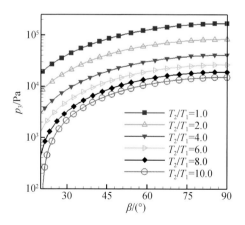

图 3-2    不同温度比下 3 区压力随激波角度的变化曲线

由于 3 区与 4 区为温度间断面,因此两区压力相等,即 4 区压力的变化规律与 3 区压力相同。4 区与 5 区之间为膨胀波,由于膨胀波后压力小于波前压力,也即 5 区压力小于 4 区压力,因此 5 区相对于原来的 0 区压力在不同的 $T_2/T_1$ 下会有不

同程度的下降。这就从理论上定性地证明,激光等离子体的注入可以减小钝头体表面压力,而激波阻力即为压力与飞行器表面的乘积,因此激波阻力也会相应减小。

## 3.2　数值计算方法

激光能量在超声速流场中沉积、形成激光空气锥及随后的流场演化过程涉及空气的光学击穿、激光等离子体的产生、激光支持吸收波的形成与演化等。激波、低密度区与弓形激波作用过程即阻力减小过程,涉及激波与激波相互作用、低密度区与弓形激波作用、激波流场与壁面的流固耦合等复杂的物理力学现象。因此,从理论上建立复杂钝头体构形的减阻性能参数与影响因素之间的解析关系式非常困难,相关研究工作目前在国内外还未见报道。若要进一步得到激波流场演化的更多信息,以及定量计算各种复杂工作条件下的减阻性能,进行数值模拟研究显得尤为必要。

### 3.2.1　流体力学方程组

激光能量沉积产生的高温低密度区与弓形激波的作用及流场演化过程具有非定常性,时间尺度在 $50\sim2000\mu s$ 量级。实验室环境下,空气分子的平均自由程在 $10^{-7}$ m 量级[2],而气体运动尺度,即模拟飞行器的钝头体实验件尺寸在 $10^{-2}$ m 量级,可将空气看做连续介质。

自然界中的各种流体都是黏性流体。由于流体中存在着黏性,流体的一部分机械能将不可逆地转化为热能,并使流体流动出现许多复杂现象,因此会给分析流体运动带来很大困难。通常为避开这个难题,对于黏性效应不十分显著的流动,可忽略其黏性效应,这既不引起对流动图像主要特征描述的太大偏差,又使得对流体运动的分析变得简便。当黏性系数很小而速度梯度不大,或者速度梯度很小而黏性系数不大时,黏性应力很小,此时可把流体当做无黏流体,即理想流体。对于本书所研究的问题,由于工质为空气,黏性系数很小,而流场的速度梯度在绝大部分范围内不大,因此可将空气看做理想流体;又因为激光引致的等离子体区的温度很高,而周围气体温度很低,温度的跃变会引起压力的巨大变化,所以流场中的空气为可压缩流体。

#### 1. 气体运动方程

不考虑质量力,可压缩理想气体的运动可利用如下守恒形式的 Euler 方程描述[3]：

$$W_t + F_x + G_y + H_z = 0 \tag{3-17}$$

式中

$$W = \begin{bmatrix} w_0 \\ w_1 \\ w_2 \\ w_3 \\ w_4 \end{bmatrix} \equiv \begin{bmatrix} \rho \\ \rho u \\ \rho v \\ \rho w \\ \rho E \end{bmatrix}$$

称为守恒变量。

$$F = \begin{bmatrix} F_0 \\ F_1 \\ F_2 \\ F_3 \\ F_4 \end{bmatrix} \equiv \begin{bmatrix} \rho u \\ \rho u^2 + p \\ \rho u v \\ \rho u w \\ \rho u \left( E + \dfrac{p}{\rho} \right) \end{bmatrix}, \quad G = \begin{bmatrix} G_0 \\ G_1 \\ G_2 \\ G_3 \\ G_4 \end{bmatrix} \equiv \begin{bmatrix} \rho v \\ \rho u v \\ \rho v^2 + p \\ \rho v w \\ \rho v \left( E + \dfrac{p}{\rho} \right) \end{bmatrix}$$

$$H = \begin{bmatrix} H_0 \\ H_1 \\ H_2 \\ H_3 \\ H_4 \end{bmatrix} \equiv \begin{bmatrix} \rho w \\ \rho u w \\ \rho v w \\ \rho w^2 + p \\ \rho w \left( E + \dfrac{p}{\rho} \right) \end{bmatrix} \tag{3-18}$$

称为通量函数。

在以上表达式中

$$\begin{bmatrix} \rho \\ u \\ v \\ w \\ p \\ E \end{bmatrix} \leftrightarrow \begin{pmatrix} 密度 \\ x\,方向速度分量 \\ y\,方向速度分量 \\ z\,方向速度分量 \\ 压力 \\ 比总能 \end{pmatrix} \tag{3-19}$$

称为原始变量（即可用实验测量得到的变量）。

以上方程组若要封闭，必须加上空气的状态方程。为简化计算，一般采用完全气体模型；为使计算更加符合实际情况，研究者们也会选用能够在一定程度上反应超声速条件下高温真实气体效应的平衡气体模型；由于非平衡气体模型计算量过大,模型十分复杂,因此本书不做介绍。

### 2. 气体模型

#### 1)完全气体模型

完全气体是一种理想化的气体,不考虑分子之间的内聚力和分子本身的体积,仅考虑分子的热运动(包括分子间的碰撞),它符合克拉珀龙状态方程

$$p = \rho R T, \quad \rho e = \frac{p}{\gamma - 1} \tag{3-20}$$

式中,$T$、$e$、$\gamma$ 分别为气体温度、比内能和比热容比;$R$ 为气体常数,对空气而言约为 $287 \mathrm{J/(kg \cdot K)}$。

比总能为

$$E = e + \frac{1}{2}(u^2 + v^2 + w^2) = \frac{p}{(\gamma - 1)\rho} + \frac{1}{2}(u^2 + v^2 + w^2) \tag{3-21}$$

焓为

$$h = e + \frac{p}{\rho} \tag{3-22}$$

总焓为

$$H = h + \frac{1}{2}(u^2 + v^2 + w^2) = \frac{\gamma p}{(\gamma - 1)\rho} + \frac{1}{2}(u^2 + v^2 + w^2) \tag{3-23}$$

#### 2)平衡气体模型

激光形成空气锥的过程中,激光聚焦击穿空气,形成的等离子体温度很高,可以达到 $10^4 \mathrm{K}$ 量级,此时克拉珀龙状态方程便不再适用。气体有两种热力学状态:热力学平衡和热力学非平衡。在热力学平衡系统里,气体分子已经过足够长时间的碰撞,在给定压力和温度条件下,气体的热力学特性不再变化,即与时间无关;热力学非平衡是指被激发的气体分子的各种热力学内能:平动能、转动能、振动能和电子势能的分布不能由单一的温度来描述[4]。

对平衡气体模型来说,认为空气击穿后瞬间化学反应和热力学都达到了平衡状态。研究模型是在理想玻耳兹曼气体状态方程的基础上作库仑相互作用的修正。修正模型采用 Debye-Hüchel 理论[5,6],该理论认为库仑相互作用以两种方式影响到气体状态:一是使能量和压力减小;二是使电离平衡推向电离度较高的方向,即库仑作用引起了附加自由能,使电离能减少。在高温低密度区的化学反应、分子离解、原子电离等过程达到平衡状态时,可以计算出空气的组分及压力、内能和比热容比等物性参数。

利用高温平衡气体模型得到的空气压力表达式为

$$P = (n_{OO} + n_{NN} + n_{NO} + n_e + \sum_{i=1}^{8} n_{O_i} + \sum_{i=1}^{7} n_{N_i})kT + P_{es} = \alpha n_0 kT \quad (3\text{-}24)$$

式中,$n_{OO}$、$n_{NN}$ 和 $n_{NO}$ 分别为 $O_2$、$N_2$ 和 NO 的分子数密度;$n_e$ 为电子数密度;$n_{O_i}$ 和 $n_{N_i}$ 分别为 $i$ 级电离 O 和 N 的原子数密度;$k$ 为玻尔兹曼常数;$\alpha$ 为压力增值系数,初始值为 1;初始分子数密度 $n_0 = \eta n_L$,Loschmidt 数 $n_L = 2.687 \times 10^{25}$ m$^{-3}$,相对密度 $\eta = \rho/\rho_0$,空气初始密度 $\rho_0 = 1.29$kg/m$^3$;$T$ 为空气的热力学温度;$P_{es}$ 为 Debye-Hüchel 理论对压力的修正量。

空气的内能为

$$e = e_t + e_r + e_v + e_D + e_{es} \quad (3\text{-}25)$$

式中,$e_t$ 为系统中所有粒子的总平动能量;$e_r$ 为系统中所有粒子的总转动能量;$e_v$ 为系统中所有粒子的总振动能量;$e_D$ 为系统中分子离解成原子及原子电离成各级离子时所需的总能量;$e_{es}$ 为带电离子系统的静电相互作用能。其各自表达式如下:

$$e_t + e_r = V_0 \left[ \frac{5}{2} kT (n_{OO} + n_{NN} + n_{NO}) + \frac{3}{2} kT \left( n_e + \sum_{i=0}^{8} n_{O_i} + \sum_{i=0}^{7} n_{N_i} \right) \right]$$

$$e_v = V_0 \left( \frac{n_{OO} kT_{vOO}}{e^{T_{vOO}/T} - 1} + \frac{n_{NN} kT_{vNN}}{e^{T_{vNN}/T} - 1} + \frac{n_{NO} kT_{vNO}}{e^{T_{vNO}/T} - 1} \right)$$

$$e_D = V_0 \left[ n_{NO} k \times 10700 + \sum_{i=0}^{8} n_{O_i} \left( k \times 59400/2 + \sum_{m=1}^{i} I_{mO} \right) \right.$$
$$\left. + \sum_{i=0}^{7} n_{N_i} \left( k \times 113000/2 + \sum_{m=1}^{i} I_{mN} \right) \right]$$

$$e_{es} = -\frac{V_0 kT}{8\pi\lambda_D^3} \quad (3\text{-}26)$$

式中,$V_0$ 为空气的体积;$T_{vOO}$、$T_{vNN}$ 和 $T_{vNO}$ 分别为 $O_2$、$N_2$ 和 NO 的振动温度;$I_{mO}$ 和 $I_{mN}$ 分别为 O 原子和 N 原子 $i$ 级电离的电离能;$\lambda_D$ 称为 Debye 长度,又称为 Debye-Hüchel 半径,是高温等离子体带电粒子间库仑相互作用的特征距离。

### 3.2.2 激光能量沉积模型

实验室条件下,激光脉宽为 10ns,这个时间与流场演化过程的时间尺度相比很短,因此计算时可将激光能量作为控制方程中的源项,忽略激光能量沉积和等离子体产生的过程,采用瞬时沉积能量模型。当激光能量注入来流气体中时,此区域的内能发生改变。当沉积在此区域的激光能量超过空气的击穿阈值时,此区域的空气被击穿,形成等离子体,并且传出激光维持的爆轰波。

假设激光能量在沉积区域内均匀分布,来流中能量沉积区域气体的总能量为 $Q$,则未注入激光能量时比内能 $e_{old}$ 为

$$e_{\text{old}} = E - \frac{1}{2}(u^2 + v^2 + w^2) \tag{3-27}$$

设激光功率为 $P$，在时间 $\Delta t$ 内，注入能量沉积区域的总能量大小为

$$Q_{\text{in}} = P\Delta t \tag{3-28}$$

因此，在每个计算网格中，注入激光能量后的比内能为

$$e = \frac{Q_{\text{in}}}{\rho V} + e_{\text{old}} = \frac{P\Delta t}{\rho V} + E - \frac{1}{2}(u^2 + v^2 + w^2) \tag{3-29}$$

式中，$V$ 为能量沉积区域的总体积。

以上是单脉冲激光能量注入的情形。当激光能量以高重频的方式注入时，可以通过控制脉冲之间的时间间隔调节能量注入频率。假设注入的能量是方波，单个激光脉冲能量为 $Q$，脉冲持续时间为 $\tau$，周期为 $T$，则注入的激光脉冲函数可以表示为

$$f(t) = \begin{cases} Q, & 0 \leqslant \text{mod}(t, T) \leqslant \tau \\ 0, & \tau \leqslant \text{mod}(t, T) \leqslant T \end{cases} \tag{3-30}$$

注入激光脉冲的平均功率 $P$ 为

$$P = \frac{Q}{T} \tag{3-31}$$

假设一系列激光脉冲为方波，占空比为 $0.5$，即 $\tau = T/2$，在一个脉冲周期内，前半个周期注入的激光能量为 $Q$，后半个周期注入的能量为 $0$。周期为 $T_0$，功率为 $P_0$，单个激光脉冲能量为 $Q_0$ 的波形如图 3-3 所示。

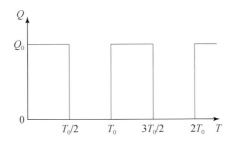

图 3-3　周期为 $T_0$、占空比为 $0.5$ 的脉冲能量示意图

连续激光能量注入的模型则更为简单，直接将激光能量化为能量方程中的源项持续注入，代入方程中即可。

### 3.2.3　定解条件的确定

为使流体力学基本方程组具有定解，需给出初始条件和边界条件，不同构形的

飞行器对应不同的边界条件。定解条件的正确处理是数值模拟的一个重要方面,如果处理不当,将会对计算结果产生影响,甚至会影响迭代过程中的稳定性和收敛性。定解条件主要包括初始条件和边界条件。

**1. 初始条件**

初始条件是所研究对象在过程开始时刻各个求解变量的空间分布情况。针对模拟的超声速来流条件下的激波干扰问题,假设无穷远处为均匀超声速来流,流场计算的初始值即为超声速来流的参数,包括来流的马赫数,环境气体的温度、压力、密度等物理参数。

**2. 边界条件**

边界条件即为求解区域边界上变量的值,可分为三种,第一种是直接给出定量的值,称为第一类边界条件;第二种是变量对时间或位置的导数,称为第二类边界条件;第三种是第一类边界条件和第二类边界条件的线性组合,称为第三类边界条件。针对激光空气锥减阻过程进行模拟的流场区域主要包括对接边界条件(与其他区域相邻)和非对接边界条件。对于对接边界,通过在相邻区域中找到与虚拟网格点相对的内点,即可得到虚拟网格点上的变量。非对接边界主要有滑移壁面边界条件、远场边界条件等。

1)滑移壁面边界条件

对于无黏流动问题,流体不能穿透壁面,设法向单位矢量为 $\boldsymbol{n}$,则有

$$\boldsymbol{V} \cdot \boldsymbol{n} = 0 \tag{3-32}$$

为了获得壁面切向速度和壁面的密度,通过外插求壁面总焓 $H_b$ 和熵 $S_b$

$$H_b = H_e$$
$$S_b = S_e \tag{3-33}$$

用下标 $b$ 表示边界,下标 $e$ 表示内点,则由关系式

$$\frac{p_b}{\rho_b{}^{\gamma}} = S_b$$
$$\frac{\gamma}{\gamma} \frac{p_b}{\rho_b} + \frac{1}{2} |\boldsymbol{V}_b|^2 = H_b \tag{3-34}$$

便可求得壁面密度($\rho_b$)与速度大小($|V_b|$)。有了速度大小,壁面速度分量便可由以下关系式求得:

$$u_b = \frac{|\boldsymbol{V}_b|}{|\boldsymbol{V}_e|}(u_e - \boldsymbol{V}_e \cdot \boldsymbol{n} m_x)$$

$$v_b = \frac{|\boldsymbol{V}_b|}{|\boldsymbol{V}_e|}(v_e - \boldsymbol{V}_e \cdot \boldsymbol{n} m_y) \tag{3-35}$$

$$w_b = \frac{|\boldsymbol{V}_b|}{|\boldsymbol{V}_e|}(w_e - \boldsymbol{V}_e \cdot \boldsymbol{n} m_z)$$

式中，$u_b$、$v_b$、$w_b$ 分别为 $x$，$y$，$z$ 三个方向上的速度分量。

2）远场边界条件

在超声速入口处，无穷远处边界条件可以作为物理边界条件。Riemann 不变量均由无穷远处边界条件确定，因此在超声速入口边界处的物理量都取为无穷远处的值，各个物理量的表达式为

$$\rho_b = \rho_\infty, \quad p_b = p_\infty, \quad u_b = u_\infty, \quad v_b = v_\infty, \quad w_b = w_\infty \tag{3-36}$$

超声速出口边界所有特征线均指向求解域内部，特征线所对应的 Riemann 不变量均由内点信息确定，分别如下：

$$\rho_b = \rho_e, \quad p_b = p_e, \quad u_b = u_e, \quad v_b = v_e, \quad w_b = w_e \tag{3-37}$$

3）交界面边界条件

可认为交界面处于每一侧两排网格的中间，这样左边区域的右边界点与右边区域的左边第一个内点完全重合，从而交界面条件可以简单定义为

$$U_b = V_i \tag{3-38}$$

式中，左边区域的解标记为 $U$；右边则标记为 $V$。

同理，右边区域的左边界点与左边区域的右边第一个内点完全重合，从而交界面条件可以简单定义为

$$V_b = U_e \tag{3-39}$$

### 3.2.4　计算模型

由于非定常 Euler 方程是双曲型方程，因此如何处理好计算空间中可能产生的间断面，即在流场中可能产生的激波，是构造该方程计算方法的核心技术。一般情况下，因耗散抹平效应、数值振荡、激波并不处于两个网格点之间等原因，数值激波不是理想的。目前现有的一种比较好的方法就是激波捕捉法。构造激波捕捉法时必须考虑以下原则：

（1）数值离散的方程必须满足气体动力学的守恒定律。

（2）必须能够自动捕捉到激波和接触间断面。

（3）定态解必须与时间分布积分的形式无关。

（4）流场中的不变量在数值解中仍必须是不变量。

（5）均匀流必须是任意网格中差分方程的正确解之一。

由于此处使用的是无黏计算，因此需要计算格式具备数值黏性来消除非线性不稳定。所采用的守恒格式是一种比较理想的具有数值黏性的计算格式，它可以自动算出激波并给出其正确的位置。先将格式写成半离散形式，将空间离散和时间推进完全分开，可使空间离散的误差和捕捉激波的精度等与时间推进的稳定性、收敛的加速性等无关[7,8]。

**1. 基本方程**

1）物理坐标系下的方程

物理坐标系下的方程即为式（3-17），该方程的求解方式如下：在初始时刻，已知各原始变量的具体数值，从而可知各守恒变量的具体数值，于是，就可以利用 Euler 方程的某一数值方法求下一时刻的守恒变量的具体数值。有了各网格点守恒变量的具体数值，就可以由以下方程

$$\rho = w_0, \quad u = \frac{w_1}{w_0}, \quad v = \frac{w_2}{w_0}, \quad w = \frac{w_3}{w_0}, \quad E = \frac{w_4}{w_0}$$

$$e = E - \frac{1}{2}(u^2 + v^2 + w^2) \tag{3-40}$$

加上气体状态方程获得原始变量。

有了这些新时刻的原始变量，就可以求另一时刻的数值解，如此不断循环，从而得到整个流场每一时刻的所有变量和参数。

2）曲线坐标系下的方程

就曲线坐标系而言，有限差分法基于的是微分型方程，而有限体积法基于的是积分型方程。

（1）微分型方程。

采用计算坐标系$(\tau, \xi, \eta, \zeta)$，它与物理坐标系$(t, x, y, z)$之间的对应关系为

$$\begin{aligned}
\tau &= t \\
\xi &= \xi(t, x, y, z) \\
\eta &= \eta(t, x, y, z) \\
\zeta &= \zeta(t, x, y, z)
\end{aligned} \tag{3-41}$$

显然，有如下变换关系式：

$$\xi_x = J^{-1}(y_\eta z_\zeta - y_\zeta z_\eta)$$

$$\xi_y = J^{-1}(z_\eta x_\zeta - z_\zeta x_\eta)$$

$$\xi_z = J^{-1}(x_\eta y_\zeta - x_\zeta y_\eta)$$

$$\eta_x = J^{-1}(y_\zeta z_\xi - y_\xi z_\zeta)$$

$$\eta_y = J^{-1}(z_\zeta x_\xi - z_\xi x_\zeta)$$

$$\eta_z = J^{-1}(x_\zeta y_\xi - x_\xi y_\zeta)$$

$$\zeta_x = J^{-1}(y_\xi z_\eta - y_\eta z_\xi)$$

$$\zeta_y = J^{-1}(z_\xi x_\eta - z_\eta x_\xi)$$

$$\zeta_z = J^{-1}(x_\xi y_\eta - x_\eta y_\xi)$$

$$\xi_t = -\xi_x x_t - \xi_y y_t - \xi_z z_t$$

$$\eta_t = -\eta_x x_t - \eta_y y_t - \eta_z z_t$$

$$\zeta_t = -\zeta_x x_t - \zeta_y y_t - \zeta_z z_t$$

$$(3\text{-}42)$$

成立。式中，$J$ 为坐标变换的雅可比行列式，其表达式为

$$J = \det \begin{vmatrix} x_\xi & x_\eta & x_\zeta \\ y_\xi & y_\eta & y_\zeta \\ z_\xi & z_\eta & z_\zeta \end{vmatrix} = x_\xi(y_\eta z_\zeta - y_\zeta z_\eta) + x_\eta(y_\zeta z_\xi - y_\xi z_\zeta) + x_\zeta(y_\xi z_\eta - y_\eta z_\xi)$$

$$(3\text{-}43)$$

有了这些变换关系就可以把 Euler 方程写成计算坐标系下的守恒形式，即

$$\overline{W}_\tau + \overline{F}_\xi + \overline{G}_\eta + \overline{H}_\zeta = 0 \tag{3-44}$$

式中，带横杠的守恒变量为广义守恒变量；带横杠的通量函数为广义通量函数。它们与守恒变量及通量函数的具体关系式为

$$\overline{W} = JW$$

$$\overline{F} = J(\xi_t W + \xi_x F + \xi_y G + \xi_z H)$$

$$\overline{G} = J(\eta_t W + \eta_x F + \eta_y G + \eta_z H)$$

$$\overline{H} = J(\zeta_t W + \zeta_x F + \zeta_y G + \zeta_z H)$$

$$(3\text{-}45)$$

为方便介绍计算中所用到的格式，定义下面的混合雅可比矩阵：

$$N_1 = \frac{d\overline{F}}{d\overline{W}} = \xi_t I + \xi_x A + \xi_y B + \xi_z C$$

$$N_2 = \frac{d\overline{G}}{d\overline{W}} = \eta_t I + \eta_x A + \eta_y B + \eta_z C$$

$$N_3 = \frac{d\overline{H}}{d\overline{W}} = \zeta_t I + \zeta_x A + \zeta_y B + \zeta_z C$$

$$(3\text{-}46)$$

式中，$I$ 为单位矩阵；$A = \dfrac{\mathrm{d}F}{\mathrm{d}W}$ ；$B = \dfrac{\mathrm{d}G}{\mathrm{d}W}$ ；$C = \dfrac{\mathrm{d}H}{\mathrm{d}W}$ 。

（2）积分型方程。

首先将微分形式的方程写成

$$W_t + F_x + G_y + H_z = 0 \tag{3-47}$$

记 $\Phi = Fe_x + Ge_y + He_z$，于是方程（3-47）可以写为

$$W_t + \nabla \cdot \Phi = 0 \tag{3-48}$$

考虑任意有限体积 $\Omega(t)$，其边界 $\Sigma(t)$ 的速度为 $\boldsymbol{V}_\Sigma$，边界外法线为 $\boldsymbol{n}$，则积分形式的方程为

$$\frac{\mathrm{d}}{\mathrm{d}t} \int_{\Omega(t)} W \mathrm{d}\Omega + \oint_\Sigma \Phi^* \cdot \boldsymbol{n} \mathrm{d}\Sigma = 0 \tag{3-49}$$

式中，$\Phi^* = \Phi - W\boldsymbol{V}_\Sigma$，$\mathrm{d}\Omega$ 为有限体积 $\Omega(t)$ 的体积元；$\mathrm{d}\Sigma$ 为边界 $\Sigma(t)$ 的面元。

### 2. 计算方法

流体力学数值计算方法主要有有限差分法、有限体积法、有限元法、有限分析法和边界元法等。在针对超声速流场的数值计算中，一般常用的是有限差分法和有限体积法两种。

在所有数值计算方法中，有限差分法是发展最早、目前应用较广的一种流动数值方法。该方法将求解域（如流场）划分为差分网格，最简单的是矩形网格。用有限个网格节点代替连续的求解域，然后将控制流动的微分方程的倒数用差商代替，导出含有离散点上有限个未知数的差分方程组，求解差分方程组，所得到的解即为该流动问题的数值近似解。有限差分方法只需构造偏导数的离散方法，这使其比较容易推广到高阶精度，对于多维问题也是如此，所以高精度格式（指三阶或三阶以上格式，如紧致格式）通常采用有限差分方法。

有限体积法是近年来发展非常迅速的一种离散化方法，其特点是计算效率高，是目前计算流体力学（computational fluid dynamics，CFD）商用软件大多采用的一种方法。其基本思路是：将计算区域划分为一系列不重复的控制体积，并使每个网格点周围有一个控制体积，即每个控制体积都有一个节点作代表。利用待解的微分方程对每一个控制体积进行积分，得出一组离散方程。其中的未知数是网格点的因变量的数值。为求出控制体积的积分，必须假定因变量在网格点之间的变化规律，即设定其分段分布剖面。当网格尺度有限时，有限体积法可比有限差分法更好地保证质量守恒、动量守恒和能量守恒，在复杂区域上容易实施，另外，还可以较好地处理流场中存在的间断。

有限差分法和有限体积法是密切相关的。事实上,在矩形网格上,两者可以做到完全等价。但是,从实施过程及计算结果看,有限差分法和有限体积法又有如下不同:

(1)有限体积法中几何量(度量系数)和物理量的计算是独立的;有限差分法要对几何量(度量系数)和物理量的确定组合进行差分运算,所以采用不同的差分格式,几何量对计算结果的影响是不同的。

(2)有限差分法计算得到的是网格点上的物理量,有限体积法得到的是单元的平均值。

(3)有限体积法直接反映了自然界的质量守恒、动量守恒和能量守恒定律,且对网格的质量不甚敏感,因此为大多数商业软件所采用;有限差分法发展较早,对数值方法的理论分析发展较为完善。

1)有限差分法

(1)空间离散格式。

空间离散格式有许多,常见的有 Steger-Warming 格式、Roe 格式和 Godunov 格式等。此处进行格式选择时用到了 Roe 格式,下面简要介绍这种格式及其中用到的 MUSCL 方法和通量限制器。

将半离散格式写成

$$\frac{\mathrm{d}\overline{W}_{i,j,k}}{\mathrm{d}t} = D_{i,j,k} \tag{3-50}$$

式中, $D_{i,j,k}$ 的具体形式为

$$D_{i,j,k} = \overline{F}_{i-\frac{1}{2},j,k} - \overline{F}_{i+\frac{1}{2},j,k} + \overline{G}_{i,j-\frac{1}{2},k} - \overline{G}_{i,j+\frac{1}{2},k} + \overline{H}_{i,j,k-\frac{1}{2}} - \overline{H}_{i,j,k+\frac{1}{2}} \tag{3-51}$$

式中, $\overline{F}_{i+\frac{1}{2},j,k}$ 、 $\overline{G}_{i,j+\frac{1}{2},k}$ 、 $\overline{H}_{i,j,k+\frac{1}{2}}$ 代表三个方向的数值通量。由于各方向的数值通量具有互换性,因此仅以

$$\overline{F} = J(\xi_t W + \xi_x F + \xi_y G + \xi_z H) \tag{3-52}$$

来说明足矣。

为了方便,这里省略横杠,则 Roe 格式的数值通量可以写成

$$F_{i+\frac{1}{2},j,k} = \frac{1}{2}(F_{i+\frac{1}{2},j,k}^{(L)} + F_{i+\frac{1}{2},j,k}^{(R)}) + \frac{1}{2}\left|(N_1^{(\mathrm{Roe})})_{i+\frac{1}{2},j,k}\right|(W_{i+\frac{1}{2},j,k}^{(L)} - W_{i+\frac{1}{2},j,k}^{(R)})$$

$$\tag{3-53}$$

式中, $W_{i+\frac{1}{2},j,k}^{(L)}$ 和 $W_{i+\frac{1}{2},j,k}^{(R)}$ 为界面 $\left(i+\frac{1}{2},j,k\right)$ 左右的状态,由 MUSCL 方法获得。如果只需要一阶精度,那么有

$$W_{i+\frac{1}{2},j,k}^{(L)} = W_{i,j,k}$$

$$W_{i+\frac{1}{2},j,k}^{(R)} = W_{i+1,j,k}$$

$$(3\text{-}54)$$

符号 $(N_1^{(\text{Roe})})_{i+\frac{1}{2},j,k}$ 为 $N_1^{(L)}$ 和 $N_1^{(R)}$ 的 Roe 平均。令 $N_1 = N_1(\rho,u,v,w,h)$ ,则 $(N_1^{(\text{Roe})})_{i+\frac{1}{2},j,k} = N_1(\rho_{L/R}, u_{L/R}, v_{L/R}, w_{L/R}, h_{L/R})$ 。因此,若已知雅可比矩阵 $N_1$ 的表达式,把自变量 $\rho,u,v,w,h$ 换成 $\bar{\rho}, \bar{u}, \bar{v}, \bar{w}, \bar{h}$ ,则可得到 Roe 平均。其中

$$\bar{\rho} = \sqrt{\rho_L \rho_R}$$

$$\bar{u} = \frac{\sqrt{\rho_L} u_L + \sqrt{\rho_R} u_R}{\sqrt{\rho_L} + \sqrt{\rho_R}}$$

$$\bar{v} = \frac{\sqrt{\rho_L} v_L + \sqrt{\rho_R} v_R}{\sqrt{\rho_L} + \sqrt{\rho_R}}$$

$$(3\text{-}55)$$

$$\bar{w} = \frac{\sqrt{\rho_L} w_L + \sqrt{\rho_R} w_R}{\sqrt{\rho_L} + \sqrt{\rho_R}}$$

$$\bar{h} = \frac{\sqrt{\rho_L} h_L + \sqrt{\rho_R} h_R}{\sqrt{\rho_L} + \sqrt{\rho_R}}$$

显然,为了计算数值通量,必须知道 $\left|(N_1^{(\text{Roe})})_{i+\frac{1}{2},j,k}\right|$ 的具体表达式为

$$\left|(N_1^{(\text{Roe})})_{i+\frac{1}{2},j,k}\right|$$

$$= P \begin{bmatrix} \max(|\lambda_0|,\varepsilon) & 0 & 0 & 0 & 0 \\ 0 & \max(|\lambda_0|,\varepsilon) & 0 & 0 & 0 \\ 0 & 0 & \max(|\lambda_0|,\varepsilon) & 0 & 0 \\ 0 & 0 & 0 & \max(|\lambda_+|,\varepsilon) & 0 \\ 0 & 0 & 0 & 0 & \max(|\lambda_-|,\varepsilon) \end{bmatrix} P^{-1}$$

$$(3\text{-}56)$$

式中, $\varepsilon$ 为小量(可以是 $10^{-5}$ );矩阵 $P$、$P^{-1}$ 为 $N_1^{(\text{Roe})}$ 的对角化矩阵; $\lambda_0, \lambda_+, \lambda_-$ 为矩阵 $N_1^{(\text{Roe})}$ 的三个(不重根的)特征值,具体表达式为

$$\lambda_0 = \bar{\boldsymbol{V}} \cdot \boldsymbol{n}$$

$$\lambda_+ = \bar{\boldsymbol{V}} \cdot \boldsymbol{n} + \bar{c}$$

$$(3\text{-}57)$$

$$\lambda_- = \bar{\boldsymbol{V}} \cdot \boldsymbol{n} - \bar{c}$$

式中, $\bar{c} = \sqrt{\dfrac{\gamma \bar{p}}{\bar{\rho}}} = \sqrt{(\gamma-1)\left(\bar{H} - \dfrac{1}{2}\bar{V}^2\right)}$ 为声速;单位矢量 $\boldsymbol{n}$ 为所在网格面的外

法向,对于数值通量 $F_{i+\frac{1}{2},j,k}$ ,有

$$
\boldsymbol{n} = \begin{pmatrix} \dfrac{\xi_x}{\sqrt{\xi_x{}^2 + \xi_y{}^2 + \xi_z{}^2}} \\[3mm] \dfrac{\xi_y}{\sqrt{\xi_x{}^2 + \xi_y{}^2 + \xi_z{}^2}} \\[3mm] \dfrac{\xi_z}{\sqrt{\xi_x{}^2 + \xi_y{}^2 + \xi_z{}^2}} \end{pmatrix} \quad \substack{\text{对于其他两}\\\text{个方向为}} \quad \begin{pmatrix} \dfrac{\eta_x}{\sqrt{\eta_x{}^2 + \eta_y{}^2 + \eta_z{}^2}} \\[3mm] \dfrac{\eta_y}{\sqrt{\eta_x{}^2 + \eta_y{}^2 + \eta_z{}^2}} \\[3mm] \dfrac{\eta_z}{\sqrt{\eta_x{}^2 + \eta_y{}^2 + \eta_z{}^2}} \end{pmatrix}, \quad \begin{pmatrix} \dfrac{\zeta_x}{\sqrt{\zeta_x{}^2 + \zeta_y{}^2 + \zeta_z{}^2}} \\[3mm] \dfrac{\zeta_y}{\sqrt{\zeta_x{}^2 + \zeta_y{}^2 + \zeta_z{}^2}} \\[3mm] \dfrac{\zeta_z}{\sqrt{\zeta_x{}^2 + \zeta_y{}^2 + \zeta_z{}^2}} \end{pmatrix}
$$

(3-58)

以上即为 Roe 格式数值通量的具体形式。

对于所研究的问题,计算结果表明流场中存在脱体激波和马赫杆等结构。这种结构如果与网格平行,那么会出现所谓的虹移(carbuncle)现象,也称为激波数值不稳定现象。为了避免这一现象,作者在程序中添加了 Sanders 等在文献[9]提出的熵修正。例如,在 Roe 格式中需要对特征值进行限制

$$
\left| (N_1^{(R)})_{i+\frac{1}{2},j,k} \right|
$$
$$
= P \begin{pmatrix} \max(|\lambda_0|,\varepsilon) & 0 & 0 & 0 & 0 \\ 0 & \max(|\lambda_0|,\varepsilon) & 0 & 0 & 0 \\ 0 & 0 & \max(|\lambda_0|,\varepsilon) & 0 & 0 \\ 0 & 0 & 0 & \max(|\lambda_+|,\varepsilon) & 0 \\ 0 & 0 & 0 & 0 & \max(|\lambda_-|,\varepsilon) \end{pmatrix} P^{-1}
$$

(3-59)

这里的 $\varepsilon$ 不能随便设定,需进行特殊限制。Sanders 等提出的修正方法是令

$$
\varepsilon = \max(\eta_{i+\frac{1}{2},j,k}, \eta_{i,j+\frac{1}{2},k}, \eta_{i,j-\frac{1}{2},k}, \eta_{i+1,j+\frac{1}{2},k}, \eta_{i+1,j-\frac{1}{2},k}, \eta_{i,j,k+\frac{1}{2}}, \eta_{i,j,k-\frac{1}{2}}, \eta_{i+1,j,k+\frac{1}{2}}, \eta_{i+1,j,k-\frac{1}{2}})
$$

(3-60)

即取与网格面 $i+\dfrac{1}{2},j,k$ 相邻的、另外两个方向网格面(共 8 个)的修正值的最大值。网格面的修正值定义如下:

$$
\eta_{i+\frac{1}{2},j,k} = \frac{1}{2}|a_\mathrm{l} - a_\mathrm{r}| + \frac{1}{2}|V_\mathrm{l} - V_\mathrm{r}|
$$

(3-61)

式中,下标 l 和 r 分别表示网格面两侧的值;$|V|$ 代表速度的绝对值。

在 Roe 格式中,使用了 MUSCL 方法来获得界面 $\left(i+\dfrac{1}{2},j,k\right)$ 的左右状态,下面对其进行介绍。

$W^{(L)}_{i+\frac{1}{2},j,k}$ 和 $W^{(R)}_{i+\frac{1}{2},j,k}$ 为界面 $\left(i+\dfrac{1}{2},j,k\right)$ 左右的状态,由如下的 MUSCL 方法获得:

$$W^{(L)}_{i+\frac{1}{2},j,k} = W_{i,j,k} + \frac{1+\bar{\omega}}{4}\Delta_{i+\frac{3}{2},j,k}W + \frac{1-\bar{\omega}}{4}\Delta_{i+\frac{1}{2},j,k}W$$

$$W^{(R)}_{i+\frac{1}{2},j,k} = W_{i+1,j,k} - \frac{1+\bar{\omega}}{4}\Delta_{i+\frac{1}{2},j,k}W - \frac{1-\bar{\omega}}{4}\Delta_{i+\frac{3}{2},j,k}W$$
(3-62)

式中,$\Delta_{i+\frac{1}{2},j,k}W = W_{i+1,j,k} - W_{i,j,k}$ 为差分算子;$\bar{\omega}$ 为插值系数。不同的差值系数对应不同的格式:

$\bar{\omega} = -1$,完全迎风格式;

$\bar{\omega} = 0$,Fromme 格式;

$\bar{\omega} = 1$,三点中心差分格式;

$\bar{\omega} = \dfrac{1}{3}$,三点迎风偏置格式。

为了在解的间断处抑制数值振荡,需使用限制器,带限制器的插值表达式为

$$W^{(L)}_{i+\frac{1}{2},j,k} = W_{i,j,k} + \frac{1+\bar{\omega}}{4}\bar{\Delta}_{i+\frac{1}{2},j,k}W + \frac{1-\bar{\omega}}{4}\bar{\bar{\Delta}}_{i-\frac{1}{2},j,k}W$$

$$W^{(R)}_{i+\frac{1}{2},j,k} = W_{i,j,k} - \frac{1+\bar{\omega}}{4}\bar{\Delta}_{i+\frac{1}{2},j,k}W - \frac{1-\bar{\omega}}{4}\bar{\bar{\Delta}}_{i+\frac{3}{2},j,k}W$$
(3-63)

定义

$$1 \leqslant \omega \leqslant \frac{3-\bar{\omega}}{1-\bar{\omega}}$$
(3-64)

则带限制器的斜率可以写成

$$\bar{\Delta}_{i+\frac{1}{2},j,k}W = \Phi(\Delta_{i+\frac{1}{2},j,k}W, \omega\Delta_{i-\frac{1}{2},j,k}W)$$

$$\bar{\bar{\Delta}}_{i+\frac{1}{2},j,k}W = \Phi(\Delta_{i+\frac{1}{2},j,k}W, \omega\Delta_{i+\frac{3}{2},j,k}W)$$
(3-65)

几种常见限制器 $\Phi(d_+, d_-)$ 的表达式如下所示:

①最小模值限制器

$$\Phi(d_+, d_-) = \text{minmod}(d_+, d_-) = \begin{cases} s\min(|d_+|, |d_-|), & d_+ d_- > 0 \\ 0, & d_+ d_- \leqslant 0 \end{cases}$$
(3-66)

②van Albada 限制器

$$\Phi(d_+, d_-) = \frac{d_-(d_+^2+\varepsilon) + d_+(d_-^2+\varepsilon)}{d_+^2 + d_-^2 + 2\varepsilon}, \quad \varepsilon = 10^{-5}$$
(3-67)

③Woodward-Collela 限制器

$$\Phi(d_+, d_-) = \min \mathrm{mod}\left(d_+, d_-, \frac{1}{2}(d_+ + d_-)\right) \tag{3-68}$$

④巨蜂(superbee)限制器

$$\Phi(d_+, d_-) = s\max\left[0, \min(2|d_+|, sd_-), \min(|d_+|, 2sd_-)\right] \tag{3-69}$$

式中，$s = \mathrm{sgn}(d_+)$。

最简单的限制器为

$$S_j^n = \min \mathrm{mod}(\delta^+ u_j, \delta^- u_j) \tag{3-70}$$

从而有

$$u_{j+\frac{1}{2}, L} = u_j + \frac{1}{2}S_j^n$$
$$u_{j+\frac{1}{2}, R} = u_{j+1} - \frac{1}{2}S_{j+1}^n \tag{3-71}$$

(2)时间积分方法。

为了进行时间离散，令 $W_{i,j,k} = U$，$D_{i,j,k} + S_{i,j,k} = D$，将半离散格式写为

$$\frac{\mathrm{d}U}{\mathrm{d}t} = D \tag{3-72}$$

$K$ 步龙格-库塔法：

$$U^{(1)} = U^n$$
$$U^{(2)} = U^n + k\alpha_2 D^{(1)}$$
$$U^{(3)} = U^n + k\alpha_3 D^{(2)}$$
$$\vdots$$
$$U^{(K)} = U^n + k\alpha_K D^{(K-1)}$$
$$U^{(n+1)} = U^n + k\sum_{\alpha=1}^{K} \beta_\sigma D^{(\sigma)} \tag{3-73}$$

式中，$D^{(\sigma)} = D(U^{(\sigma)})$，$D^{(1)} = D^n$。

欧拉法：

$$U^{(1)} = U^n, \quad U^{(n+1)} = U^n + kD^{(1)} \tag{3-74}$$

两步法(预估-校正法)：

$$U^{(2)} = U^n + \frac{k}{2}D^{(1)}, \quad U^{(n+1)} = U^n + kD^{(2)} \tag{3-75}$$

三阶 TVD 龙格-库塔法：

$$U^{(1)} = U^n$$

$$U^{(2)} = U^{(1)} - kD^{(1)}$$

$$U^{(3)} = \frac{3}{4}U^{(1)} + \frac{1}{4}U^{(2)} - \frac{k}{4}D^{(2)} \tag{3-76}$$

$$U^{(n+1)} = \frac{1}{3}U^{(1)} + \frac{2}{3}U^{(3)} - \frac{2k}{3}D^{(3)}$$

具有四阶精度的五步法：

$$U^{(1)} = U^n$$

$$U^{(2)} = U^n + \frac{k}{2}D^{(1)}$$

$$U^{(3)} = U^n + \frac{k}{2}D^{(2)} \tag{3-77}$$

$$U^{(4)} = U^n + kD^{(3)}$$

$$U^{(n+1)} = U^n + \frac{k}{6}(D^n + 2D^{(2)} + 2D^{(3)} + 2D^{(4)})$$

2）有限体积法

若要将有限差分法的所有内容推广到有限体积法，只需将前面的雅克比矩阵与下面的体积、前面的变换系数与下面的面积进行一一对应即可，即

$$J_{(.)} = \Omega_{(.)}, \quad (\xi_x)_{i+\frac{1}{2},j,k} = \frac{\Sigma_{i+\frac{1}{2},j,k} \cdot e_x}{\Omega_{i+\frac{1}{2},j,k}}, \quad (\xi_y)_{i+\frac{1}{2},j,k} = \frac{\Sigma_{i+\frac{1}{2},j,k} \cdot e_y}{\Omega_{i+\frac{1}{2},j,k}}$$

$$(\xi_z)_{i+\frac{1}{2},j,k} = \frac{\Sigma_{i+\frac{1}{2},j,k} \cdot e_z}{\Omega_{i+\frac{1}{2},j,k}}, \quad (\eta_x)_{i,j+\frac{1}{2},k} = \frac{\Sigma_{i,j+\frac{1}{2},k} \cdot e_x}{\Omega_{i,j+\frac{1}{2},k}}, \quad (\eta_y)_{i,j+\frac{1}{2},k} = \frac{\Sigma_{i,j+\frac{1}{2},k} \cdot e_y}{\Omega_{i,j+\frac{1}{2},k}}$$

$$(\eta_z)_{i,j+\frac{1}{2},k} = \frac{\Sigma_{i,j+\frac{1}{2},k} \cdot e_z}{\Omega_{i,j+\frac{1}{2},k}}, \quad (\zeta_x)_{i,j,k+\frac{1}{2}} = \frac{\Sigma_{i,j,k+\frac{1}{2}} \cdot e_x}{\Omega_{i,j,k+\frac{1}{2}}}$$

$$(\zeta_y)_{i,j,k+\frac{1}{2}} = \frac{\Sigma_{i,j,k+\frac{1}{2}} \cdot e_y}{\Omega_{i,j,k+\frac{1}{2}}}, \quad (\zeta_z)_{i,j,k+\frac{1}{2}} = \frac{\Sigma_{i,j,k+\frac{1}{2}} \cdot e_z}{\Omega_{i,j,k+\frac{1}{2}}} \tag{3-78}$$

实际上，只是后者的面积定义在网格面上，而前者的变换系数定义在网格节点上。

有限体积法的基本原理是：将每一个网格单元作为有限体积，对积分方程进行直接离散。设给定网格节点 $(i,j,k)$ 及其坐标 $x_{i,j,k}$。考虑由八个节点 $(i,j,k)$、$(i,j+1,k)$、$(i,j+1,k+1)$、$(i,j,k+1)$、$(i+1,j,k)$、$(i+1,j+1,k)$、$(i+1,j+1,k+1)$ 和 $(i+1,j,k+1)$（为方便按顺序标为 a、b、c、d、e、f、g、h）构成的网格单元 $\Omega_{i,j,k}$。网格单元的中心记为 $c_{i,j,k}$。

网格单元的六个面（abcd）、（efgh）、（adhe）、（bagf）、（abfe）和（dcgh）的面积分别为

$$\Sigma_{i-\frac{1}{2},j,k} = \frac{1}{2}(x_{i,j+1,k} - x_{i,j,k+1}) \times (x_{i,j+1,k+1} - x_{i,j,k}) \quad \text{(abcd)}$$

$$\Sigma_{i+\frac{1}{2},j,k} = \frac{1}{2}(x_{i+1,j+1,k} - x_{i+1,j,k+1}) \times (x_{i+1,j+1,k+1} - x_{i+1,j,k}) \quad \text{(efgh)}$$

$$\Sigma_{i,j-\frac{1}{2},k} = \frac{1}{2}(x_{i+1,j,k+1} - x_{i,j,k}) \times (x_{i+1,j,k} - x_{i,j,k+1}) \quad \text{(adhe)}$$

$$\Sigma_{i,j+\frac{1}{2},k} = \frac{1}{2}(x_{i+1,j+1,k+1} - x_{i,j+1,k}) \times (x_{i+1,j+1,k} - x_{i,j+1,k+1}) \quad \text{(bcgf)} \tag{3-79}$$

$$\Sigma_{i,j,k-\frac{1}{2}} = \frac{1}{2}(x_{i+1,j+1,k} - x_{i,j,k}) \times (x_{i,j+1,k} - x_{i+1,j,k}) \quad \text{(abfe)}$$

$$\Sigma_{i,j,k+\frac{1}{2}} = \frac{1}{2}(x_{i+1,j+1,k+1} - x_{i,j,k+1}) \times (x_{i,j+1,k+1} - x_{i+1,j,k+1}) \quad \text{(dcgh)}$$

式中,面积为矢量。为了方便,记

$$\Omega_{i+\frac{1}{2},j,k} = \frac{1}{2}(\Omega_{i,j,k} + \Omega_{i+1,j,k})$$

$$\Omega_{i,j+\frac{1}{2},k} = \frac{1}{2}(\Omega_{i,j,k} + \Omega_{i,j+1,k})$$

$$\Omega_{i,j,k+\frac{1}{2}} = \frac{1}{2}(\Omega_{i,j,k} + \Omega_{i,j,k+1}) \tag{3-80}$$

$$\boldsymbol{n}^{(\cdot)} = \frac{\boldsymbol{\Sigma}_{(\cdot)}}{\boldsymbol{\Omega}_{(\cdot)}}$$

$$\Sigma_{(\cdot)} = |\boldsymbol{\Sigma}_{(\cdot)}|$$

式中,矢量 $\boldsymbol{n}^{(\cdot)}$ 并非单位矢量,它的三个分量分别记为 $n_x^{(\cdot)}$、$n_y^{(\cdot)}$、$n_z^{(\cdot)}$。

由于在一般情况下网格单元属于任意六面体,因此各面上的四个角点可能不在一个平面内。六面体的体积可以按下面公式计算。

首先由高斯公式得

$$\oint_{\Sigma} \boldsymbol{x} \cdot \boldsymbol{n} \mathrm{d}\Sigma = \int_{\Omega} (\nabla \cdot x) \mathrm{d}\Omega = 3 \int_{\Omega} \mathrm{d}\Omega = 3\Omega \tag{3-81}$$

因此

$$\Omega_{i,j,k} = \frac{1}{3}(\boldsymbol{\Sigma}_{i+\frac{1}{2},j,k} \cdot \boldsymbol{x}^{(c)}_{i+\frac{1}{2},j,k} - \boldsymbol{\Sigma}_{i-\frac{1}{2},j,k} \cdot \boldsymbol{x}^{(c)}_{i-\frac{1}{2},j,k})$$

$$+ \frac{1}{3}(\boldsymbol{\Sigma}_{i,j+\frac{1}{2},k} \cdot \boldsymbol{x}^{(c)}_{i,j+\frac{1}{2},k} - \boldsymbol{\Sigma}_{i,j-\frac{1}{2},k} \cdot \boldsymbol{x}^{(c)}_{i,j-\frac{1}{2},k})$$

$$+ \frac{1}{3}(\boldsymbol{\Sigma}_{i,j,k+\frac{1}{2}} \cdot \boldsymbol{x}^{(c)}_{i,j,k+\frac{1}{2}} - \boldsymbol{\Sigma}_{i,j,k-\frac{1}{2}} \cdot \boldsymbol{x}^{(c)}_{i,j,k-\frac{1}{2}}) \tag{3-82}$$

式中,$\boldsymbol{x}^{(c)}$ 为所处面的中心坐标,按下式计算:

$$\boldsymbol{x}_{i+\frac{1}{2},j,k}^{(c)} = \frac{1}{4}(\boldsymbol{x}_{i+1,j,k} + \boldsymbol{x}_{i+1,j+1,k} + \boldsymbol{x}_{i+1,j+1,k+1} + \boldsymbol{x}_{i+1,j,k+1})$$

$$\boldsymbol{x}_{i,j+\frac{1}{2},k}^{(c)} = \frac{1}{4}(\boldsymbol{x}_{i,j+1,k} + \boldsymbol{x}_{i+1,j+1,k} + \boldsymbol{x}_{i+1,j+1,k+1} + \boldsymbol{x}_{i,j+1,k+1}) \tag{3-83}$$

$$\boldsymbol{x}_{i,j,k+\frac{1}{2}}^{(c)} = \frac{1}{4}(\boldsymbol{x}_{i,j,k+1} + \boldsymbol{x}_{i+1,j,k+1} + \boldsymbol{x}_{i+1,j+1,k+1} + \boldsymbol{x}_{i,j+1,k+1})$$

有限体积法有格心法和格点法两种类型。在格心法中,数值解定义在网格单元的中心 $c_{i,j,k}$ ,可用下述针对网格单元的平均值定义:

$$W_{i,j,k} = \frac{1}{\Omega_{i,j,k}} \int_{\Omega_{i,j,k}} W \mathrm{d}\Omega \tag{3-84}$$

在格点法中,数值解定义在网格节点(即网格单元角点)上。这里主要考虑了格心法。

在标准有限体积法中,将积分方程用

$$\frac{\mathrm{d}}{\mathrm{d}t}(\Omega_{i,j,k} W_{i,j,k}) + \sum_{\text{sides}} \Phi^* \cdot \Sigma = 0 \tag{3-85}$$

代替。也可以通过定义

$$\bar{W}_{i,j,k} = \Omega_{i,j,k} W_{i,j,k} \tag{3-86}$$

将积分方程的关系式写成与有限差分法相同的形式

$$\frac{\mathrm{d}}{\mathrm{d}t}\bar{W}_{i,j,k} + \sum_{\text{sides}} \boldsymbol{\Phi}_{\text{sides}}^* = 0 \tag{3-87}$$

式中

$$\sum_{\text{sides}} \boldsymbol{\Phi}_{\text{sides}}^* = F_{i+\frac{1}{2},j,k}^* - F_{i-\frac{1}{2},j,k}^* + G_{i,j+\frac{1}{2},k}^* - G_{i,j-\frac{1}{2},k}^* + H_{i,j,k+\frac{1}{2}}^* - H_{i,j,k-\frac{1}{2}}^*$$

$$\tag{3-88}$$

式中, $F_{i+\frac{1}{2},j,k}^*$ 、$G_{i,j+\frac{1}{2},k}^*$ 和 $H_{i,j,k+\frac{1}{2}}^*$ 分别称为 $i$ 、$j$ 和 $k$ 方向的数值通量,其表达式为

$$F_{i+\frac{1}{2},j,k}^* = \boldsymbol{\Phi}_{i+\frac{1}{2},j,k} \cdot \boldsymbol{\Sigma}_{i+\frac{1}{2},j,k} = \Phi_{i+\frac{1}{2},j,k}^{(n)}$$

$$G_{i,j+\frac{1}{2},k}^* = \boldsymbol{\Phi}_{i,j+\frac{1}{2},k} \cdot \boldsymbol{\Sigma}_{i,j+\frac{1}{2},k} = \Phi_{i,j+\frac{1}{2},k}^{(n)} \tag{3-89}$$

$$H_{i,j,k+\frac{1}{2}}^* = \boldsymbol{\Phi}_{i,j,k+\frac{1}{2}} \cdot \boldsymbol{\Sigma}_{i,j,k+\frac{1}{2}} = \Phi_{i,j,k+\frac{1}{2}}^{(n)}$$

式中

$$\Phi_{(\cdot)}^{(n)} = \Omega_{(\cdot)}(W_{(\cdot)} n_t^{(\cdot)} + F_{(\cdot)} n_x^{(\cdot)} + G_{(\cdot)} n_y^{(\cdot)} + H_{(\cdot)} n_z^{(\cdot)}) \tag{3-90}$$

式中, $n_t^{(\cdot)} = -\boldsymbol{V}_\Sigma \cdot \boldsymbol{n}^{(\cdot)}$ 。

### 3.2.5　数值计算方法验证

流体力学数值计算方法及计算格式有多种,针对不同类型的流动需采用不同

的方法,因此在采用上述数值计算方法模拟激光空气锥减小超声速飞行器的波阻之前,有必要对其正确性、准确性和适用性进行验证。

**1. 超声速气流中飞行器的气动特性**

对激光空气锥减小超声速飞行器波阻进行研究,首先要能较准确地模拟超声速气流中飞行器的气动特性。主要是通过比较数值模拟与理论计算得到的激波脱体距离及飞行器表面压力分布,来验证该计算方法。

计算中使用的钝头体构形及其边界条件如图 3-4 所示,其中入口为超声速入口边界条件,壁面为滑移固壁边界条件,轴为轴对称边界条件,出口为超声速出口边界。来流以马赫数 6.5 沿着 $x$ 轴正向从左向右流动。环境气体是距离地球表面 30km 高空的大气,具体参数见表 3-1。

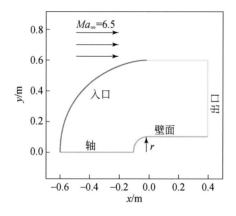

图 3-4　计算区域及边界条件

**表 3-1　环境气体参数**

| 高度/km | 密度/(kg/m³) | 温度/K | 压力/Pa | 马赫数 |
|---|---|---|---|---|
| 30 | $1.841 \times 10^{-2}$ | 226.51 | $1.197 \times 10^{3}$ | 6.5 |

1)激波脱体距离的比较

计算得到来流马赫数为 6.5 条件下无激光能量作用时定常流场的压力等值线分布,如图 3-5 所示。从图中可以明显看到钝头体的前缘(图示左端)形成了弓形脱体激波,脱体激波中间部分与气流方向几乎垂直。两翼的激波角逐渐减小,所以脱体激波可以看成由中间部分的正激波和两侧的斜激波及边缘微弱的扰动波组成。激波的强度从中间向外围逐渐减小。驻点处压力最大,约为环境压力的 50

倍,此条件下,飞行器的波阻约为 966.7N。

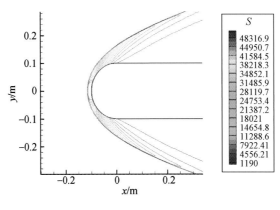

图 3-5　压力等值线分布

1964 年,Lobb 在文献[10]中给出激波脱体距离关系式为

$$\delta = 0.41D \frac{(\gamma-1)Ma_\infty^2 + 2}{(\gamma+1)Ma_\infty^2} \tag{3-91}$$

式中,$\delta$ 为激波脱体距离;$D$ 为飞行器的直径;$\gamma$ 为比热容比,$Ma_\infty$ 为来流马赫数。

将仿真计算条件代入式(3-91),得 $\delta = 0.41 \times 0.2 \times \frac{(1.4-1) \times 6.5^2 + 2}{(1.4+1) \times 6.5^2} = 0.01528\mathrm{m}$,数值模拟得到的激波脱体距离为 0.0158m,两者的偏差为 3.4%,与 Lobb 提出的计算模型结果基本吻合。

2)飞行器前表面压力分布

文献[11]给出了钝头体表面压力系数 $C_p$ 的修正公式为

$$C_p = C_{p,\max} \sin^2\theta \tag{3-92}$$

式中,$C_{p,\max} = \frac{2}{\gamma M_\infty^2}\left(\frac{p}{p_\infty} - 1\right)$ 为驻点压力系数,其中 $\frac{p}{p_\infty}$ 可以查正激波表得到;$\theta$ 为来流方向与钝头体表面切向方向的夹角。

根据压力系数的定义,进一步可得钝头体表面压力 $p(\theta)$ 的表达式为

$$p(\theta) = C_{p,\max} \sin^2\theta \cdot \rho_\infty v_\infty^2 + p_\infty \tag{3-93}$$

式中,$\rho_\infty$、$v_\infty$ 和 $p_\infty$ 分别为来流的密度、速度和压力。

图 3-6 给出了钝头体表面压力分布的理论值和数值模拟结果。其中,红线为数值计算结果,绿线为理论计算结果,横坐标为飞行器表面切线方向与来流方向的夹角,顺时针为正,逆时针为负,纵坐标为飞行器表面的压力。从图中可以看出,数值计算结果与理论计算结果基本吻合,在 0°~60°和 −60°~0°,钝头体表面压力理

论计算结果稍大于数值模拟结果。原因是对于曲面物体,流体绕曲面远动时,流体的质点存在与曲率半径成反比的离心力,该离心力需要压力梯度来克服,因此对于凸面,修正的牛顿模型预测压力会大于物面所承受的压力。

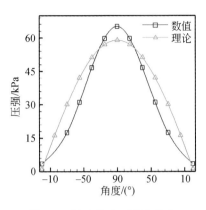

图 3-6　钝头体表面压力分布

**2. 激光引致的激波与弓形激波的相互作用**

俄罗斯科学院西伯利亚分院的 Zheltovodov 与 Pimonov 等根据 Adelgren 等在文献[1]中的实验条件,数值模拟了单脉冲激光能量对圆球前缘弓形激波的影响。

Zheltovodov 等[12]采用的圆球模型直径为 25.4mm,外部环境条件采用实验条件:来流马赫数为 3.45,来流方向由右至左,总压 $p_{t\infty}=1.4$MPa,总温 $T_{t\infty}=290$K,气体的比热容比 $\gamma=1.4$。注入的单脉冲激光能量大小为 283mJ,能量吸收率 $\varepsilon_Q=0.5$。脉冲持续时间 $\tau=10$ns。激光能量注入点位于钝头体前一倍直径的位置。

为了验证计算程序的正确性,将条件设置为与 Adelgren 等的实验条件相同,具体参数如表 3-2 所示。

表 3-2　计算条件

| $Ma_\infty$ | 温度 $T_\infty$/K | 压力 $p_\infty$/Pa | 密度 $\rho_\infty$ /(kg/m³) | 来流速度 $v_\infty$ /(m/s) | 黏性系数 $\mu$ /[kg/(m·s)] |
| --- | --- | --- | --- | --- | --- |
| 3.45 | 83.7 | $1.602\times10^4$ | 0.667 | 632.6 | $5.753\times10^{-5}$ |

图 3-7 给出了能量沉积后 $20\mu$s、$30\mu$s、$40\mu$s、$50\mu$s 和 $70\mu$s 五个时刻计算得到的压力云图、流线图和密度梯度云图与文献中数值模拟结果和实验结果的比较。图

中,压力标尺表示相对压力,即某处压力与来流压力之比。其中,压力云图及流线图与 Zheltovodov 等的数值计算结果比较,而密度梯度与 Adelgren 等的实验结果比较。

图 3-7(a)所示为注入激光能量后 $20\mu s$,激光聚焦击穿空气形成爆轰波,爆轰波向下游移动,且此时爆轰波刚好达到弓形激波表面,从图中可以看出,数值模拟结果与 Zheltovodov 的计算结果一致,且密度梯度云图与实验纹影照片基本吻合。当 $t=30\mu s$ 时(图 3-7(b)),球形的爆轰波透过弓形激波并且在钝头体的表面反射回来。激光能量沉积所产生的爆轰波开始与球部表面的弓形激波相互作用,弓形激波由于爆轰波内部的当地马赫数减小而发生畸变。Georgievski 与 Levin 将这种现象称为透镜效应[13]。低密度区与弓形激波作用,形成稀疏波,稀疏波到达钝头体表面使得钝头体表面驻点附近的压力与没有能量沉积时相比明显减小。由流线图可以看出,在钝头体前端出现了回流。

图 3-7(c)为能量注入后 $40\mu s$ 的流场。透镜效应使得弓形激波发生形变,激波脱体距离增大,钝头体表面压力进一步减小,且低压区尺寸随之增大。$t=50\mu s$ 的流场如图 3-7(d)所示,变形的弓形激波以较慢的速度运动,而爆轰波则以较高马赫数的速度穿过弓形激波,这使得弓形激波后部的静压增加,同时致使朝钝头体的方向出现了压缩波。压缩波与从钝头体表面反射的爆炸波相作用,在中部位置形成了正激波。$t=70\mu s$ 的流场如图 3-7(e)所示。从图中可以看出,在 $70\mu s$ 时,爆炸波对球周围流场的作用已经快结束,流场开始恢复到初始时的状态。

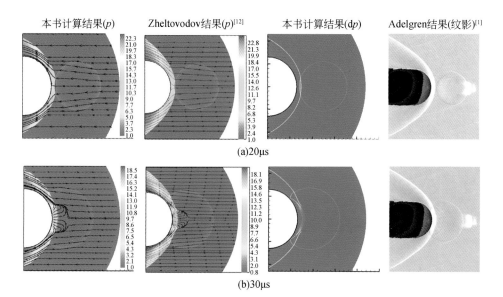

本书计算结果(p)　　Zheltovodov结果(p)[12]　　本书计算结果(dp)　　Adelgren结果(纹影)[1]

(a)20μs

(b)30μs

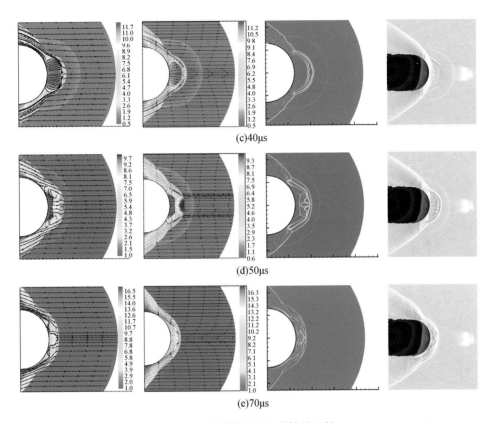

(c)40μs

(d)50μs

(e)70μs

图 3-7　计算结果与文献结果比较

通过将前述计算方法得到的结果与国外的 Adelgren 等[1]所做的实验及 Zhel-tovodov 等[12]的数值模拟结果相比可以发现,该计算方法得到的流场变化能够很好地同国外文献的计算结果与实验结果吻合,在激波相互作用的各个时刻都能较好地刻画流场所产生的变化。因此,本书计算方法可以细致准确地模拟激光能量沉积与钝头体前弓形激波相互作用的过程。

3. 高重频激光空气锥减阻

为了验证本书计算方法在模拟高重频激光空气锥减阻方面的可行性,采用与日本 Sakai 小组相同的模拟条件,模拟了高重频激光对钝头体阻力的影响。Sakai 小组设置的环境气体参数为[14]:来流马赫数为 2,静压和静温分别为 12.7kPa 和 166.7K,密度为 0.265kg/m$^3$;激光参数为:激光脉宽为 9ns,单脉冲能量为 3mJ,能量沉积区域的体积为 3mm$^3$,重复频率为 100kHz。所模拟的钝头体直径为 20mm,

能量沉积点位于钝头体前中心轴线上,到离钝头体驻点的距离为 2 倍直径。

图 3-8 分别给出了日本 Sakai 小组(上)[14] 和本书(下)模拟的激光作用后流场的密度等值线及流线图。从上下图的对比可以看出,能量沉积形成的空气锥形状和尺寸基本相同,作用后稳态流场的波系结构也基本相同,由流线图还可以看出,钝头体前都形成了一回流区,回流区的尺寸也基本相似。

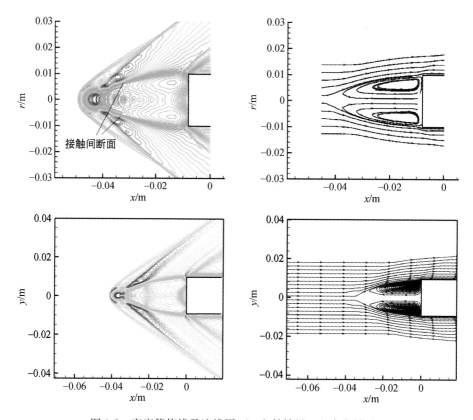

图 3-8 密度等值线及流线图(上:文献结果,下:本书结果)

## 参 考 文 献

[1]Adelgren R G. Localized flow control with energy deposition[D]. New Jersey:Rutgers University,2003.

[2]马文蔚 . 物理学[M]. 北京:高等教育出版社 . 1999.

[3]吴子牛 . 计算流体力学基本原理[M]. 北京:科学出版社 . 2001.

[4]欧阳水吾,谢中强 . 高温非平衡空气绕流[M]. 北京:国防工业出版社 . 2001.

[5]徐锡申,张万箱 . 实用物态方程理论导引[M]. 长沙:国防科技大学出版社 1986.

［6］汤文辉,张若其.物态方程理论及计算概论[M].北京:科学出版社.1999.

［7］朱自强,等.应用计算流体力学[M].北京:北京航空航天大学出版社.1998.

［8］李倩.吸气式激光推进推力产生过程数值研究[D].北京:装备学院硕士学位论文,2005.

［9］Sanders R,et al. Multidimensional dissipation for upwind schemes:stability and applications to gas dynamics[J]. Journal of Computational Physics,1998,145:511-537.

［10］Lobb R K. Experimental measurement of shock detachment distance on spheres fired in air at hypervelocities[J]. The High Temperature Aspects of Hypersonic Flow,1964:519-527.

［11］Anderson J D. Modern compressible flow[M]. 2ed. New York:McGraw Hill Higher Education,1990.

［12］Zheltovodov A,Pimonov E A,Knight D D. Energy deposition influence on supersonic flow over axisymmetric bodies[R]. AIAA,2007:1230.

［13］Georgievskii P Y,Levin V A. Unsteady interaction of a sphere with atmospheric temperature inhomogeneity at supersonic speed[J]. Moscow,Translated from Izvestiya Rossiiskoi Akademii Nauk,Mekbznlka Zhidkosti i Gaza,1993,4:174-183.

［14］Sakai T,Sekiya Y,Rosli M R B,et al. Unsteady interaction of blunt bodies with laser induced plasma in a supersonic flow[R]. AIAA,2008:3794.

# 第4章 激光空气锥减阻的实验研究方法

激光空气锥减阻主要是通过激光等离子体对弓形激波的干扰,减弱甚至消除弓形激波产生的不利影响,涉及激波流场的演化、高温低密度区与弓形激波、钝头体外表面的相互作用等复杂的物理力学过程,目前尚未见到可以对激光空气锥减阻全过程进行描述的数学模型。现有的理论描述和数值模拟方法都存在一定程度的简化,需要通过实验进行验证。实验研究是认识减阻机理、验证及改进数值模型的有效方法,因此,高效、可靠的实验方法和高性能的实验系统是研究激光空气锥减阻机理的必备手段。

## 4.1 空气动力学实验的基本方法

超声速飞行器的激光空气锥减阻属于空气动力学与激光技术交叉学科的研究内容,在实验研究方法层面与空气动力学密切相关,必须建立在空气动力学实验方法的基础上,因此需要首先对空气动力学实验的基本方法进行阐述。

空气动力学实验技术是随着航空航天事业的发展而不断发展的。20世纪初,最初的飞机出现了。尽管当时风洞十分简陋,但风洞所发挥的重大作用是不可忽略的。20世纪30年代前后,空气动力学的实验方法和数据处理方法都有了长足的进步。利用大型低速风洞进行了大量的空气动力学实验,从而在很大程度上改善了飞机的气动外形,在未大幅增加动力装置功率的前提下,使飞机的飞行速度从50m/s左右提高到170m/s。正是在这种生产实践的基础上,逐渐形成了空气动力学实验技术学科。30年代建成了最初的超声速风洞,随后一大批的超声速风洞建成。第1章一开始就提到,飞机在40年代突破了"声障",在50年代又突破了"热障",超声速飞机和人造卫星相继出现。近年来,空气动力学实验技术与现代电子技术、计算机技术、激光技术和制冷技术等密切结合,使空气动力学实验的实验设备、实验方法和数据处理方法等不断向前发展,新一代的风洞,如高焓激波风洞、静音风洞等相继涌现出来[1]。

在空气动力学实验中,一般采用模拟方法,即采用模型实验来模拟原型的物理现象。所谓模拟,是指在一定条件下,利用一个比较容易求得物理现象来研究另一个遵循相同物理规律或数学规律的物理现象的方法。例如,利用飞机模型来模拟飞机原型的吹风实验,虽然数量上有所差别,但物理本质相同,遵循相同的物理规律。这种模拟就属于物理模拟的范畴。

要进行模型实验,就要求实验方法和实验设备满足一定的条件。空气动力学实验的基本方法和设备,按照模型与空气之间产生相对运动的方式不同,主要分为以下三类:

1)风洞实验法

安装在风洞内的飞行器模型沿着飞行方向静止不动,使空气以一定的速度流过模型。风洞实验法的优点是测量方便,气流参数如速度、压力等易于控制,且基本不受天气变化影响,实验成本较低。缺点是模型流场受风洞壁面和模型支架等的干扰,一般不能做到模型流场与原型流场完全相同。而且,随速度的范围和用途的不同,需要建造多座不同的风洞。

2)飞行试验法

飞行试验法飞行器在大气中飞行条件下进行的试验。有动力或无动力的模型在大气中飞行条件下进行试验,也属于飞行试验法。与风洞实验法相比,飞行试验法的优点是不存在风洞洞壁和模型支架等的干扰,缺点是试验成本高,条件不易控制,测量方法复杂。该方法可以用来验证风洞实验的可靠性,解决那些在风洞中难以解决的问题。

3)携带实验法

将模型固定在以一定速度在大气中运动的携带设备上,使模型与空气之间产生相对运动,携带设备上装有仪器,可测出模型的空气动力学数据。携带设备可以是旋臂机、火箭滑橇或飞机。旋臂机的中间是竖直的转轴,旋臂的根部固定在转轴上,模型安装在旋臂的端部,转轴带动旋臂在水平面内旋转,使模型与空气之间产生相对运动。旋臂机上的模型沿圆周运动,不仅与飞机直线飞行情况不同,而且模型总是在自身先前所产生的尾流中运动,流场不均匀。火箭滑橇又称为火箭车,是用火箭产生推力在长达数十千米的轨道上高速运动的滑橇(车),其速度可超过声速。模型在火箭滑橇上进行实验,受自然风等的影响,测量的精确度一般不高。用飞机或火箭携带模型进行实验,流场比较均匀,但实验成本高,对测量方法和测量仪器的要求也高。

在上述三类方法中,风洞实验法是进行空气动力学实验最经济、效果最好、应用最广泛的方法。

## 4.2 风洞的分类

风洞是进行空气动力学实验的主要设备。它是按照特定要求设计的特殊管道,在这个特殊管道中,借助于动力装置以产生可以调节的气流,使实验段中的模型流场能够模拟或部分模拟原型流场。

从 1871 年出现第一座风洞至今,风洞已有一百多年的历史。为满足各种不同类型空气动力学实验的要求,逐渐出现了各种各样的现代风洞。按照实验段气流马赫数或速度分类,有低速风洞、亚声速风洞、跨声速风洞、超声速风洞、高超声速风洞和超高速风洞等。除低速风洞之外的风洞又泛称为高速风洞。各种风洞的工作原理不尽相同,部件也具有很大的区别。

1)低速风洞

实验段气流马赫数在 0.4 以下,空气压缩性可忽略不计。这类风洞中驱动气流的风扇都为一级轴流式风扇。在同等实验段尺寸的风洞中,低速风洞的驱动功率最小,构造也相对简单。在航空航天领域,低速风洞可按照用途分为二维风洞(二元风洞)、三维(三元)风洞、低湍流度风洞、变密度风洞、尾旋风洞、阵风风洞、自由飞风洞、结冰风洞和垂直-短距起落风洞等。

2)亚声速风洞

实验段气流马赫数为 0.4~0.8。亚声速风洞的构造与回流式低速风洞相近,驱动风扇的功率较同等尺寸的低速风洞大,一般都采用两级或两级以上的轴流式风扇,并配备防止气流温升过高的冷却器或换气装置。目前这类风洞不太多,大都建于跨声速风洞、三声速风洞(范围包括亚声速、跨声速、超声速风洞)诞生之前。

3)跨声速风洞

实验段气流马赫数为 0.8~1.4。从外形看,这类风洞有的类似亚声速风洞,有的类似间歇式超声速风洞。这类风洞的一个特点是实验段采用通气壁,通气壁的外面是驻室,驻室外面是与大气相隔的壁面,驻室内的压力可调。

4)超声速风洞

实验段气流马赫数为 1.4~5.0。这类风洞实验段不采用通气壁,采用的是实壁,在实验段上游有一个先收缩后扩张的喷管,也就是常说的拉瓦尔喷管,使气流加速膨胀到要求的马赫数。这类风洞有连续式和间歇式之分。所谓间歇式,是指风洞只能间断工作,每次只能持续工作十几秒到数分钟。

5)高超声速风洞

实验段气流马赫数为5.0~14.0。其工作原理和结构形式基本上与超声速风洞相同,主要特点是在稳定段的前方安装加热器,以提高气流总温,从而防止急速膨胀的气流在高超声速喷管中液化。

6)超高速风洞

实验段气流马赫数在5以上,且能模拟飞行时气流所达到的很高的总温和总压。受能源和材料等的限制,此类风洞多为脉冲式风洞。所谓脉冲式,是指风洞工作时间非常短(0.1~100ms)。

# 4.3 激波风洞

实验室环境下,出于成本和实验方便考虑,可用激波风洞产生超声速气流,用于模拟超声速飞行器的飞行环境。激波风洞是一种常见的超高速风洞,是在激波管的基础上发展起来的[2]。作者所在的实验室建设了设计马赫数分别为5、6、7的激波风洞,实验段直径分别为 100mm、150mm 和 200mm,观察窗直径为200mm[3]。激波风洞的基本原理是将激波管产生的高温高压气体经过拉瓦尔喷管等熵膨胀为均匀超声速气流。它主要包括激波管、拉瓦尔喷管和真空舱三部分,其组成示意图如图 4-1 所示。

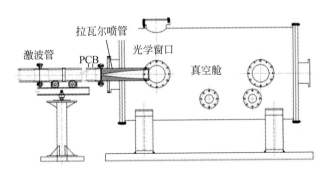

图 4-1 激波风洞组成示意图

## 4.3.1 激波管

激波管是产生激波并利用激波压缩实验气体进行实验的设备,它是一个两端封闭的管道,用膜片将管道隔成两段,分别称为高压段和低压段。其基本原理可以描述为:实验前在高低压段分别充以满足实验要求的压力高的驱动气体和压力低的被驱动气体(实验气体),并使两室的压力达到一定比值,高压气体和低压气体之间的膜片发生破裂,会产生一道向低压段传播的运动激波,称为入射激波。入射激波传播到低压段端面后发生反射,产生反射激波,同时稀疏波自破膜处向高压段传播,如图4-2所示。入射和反射激波可提供不同压力、温度和速度条件的准定常气流,适合研究物理、化学、空气动力学等基础性问题。

激波管主体结构为两端封闭的等截面圆形不锈钢管(316L),内径为100mm,外径为130mm,铝膜将高压区(4区)和低压区(1区)隔离。膜片破裂后,高压气体向低压段膨胀,产生向低压段传播的运动激波(moving shock)和向高压段传播的膨胀波(又称为稀疏波)。1区气体受入射激波压缩后形成2区气体,3区为膨胀波后的气体状态,2区和3区的交界面称为接触面。5区为低压端面气流经反射激波再次压缩后的气体状态,具有高温、高压、静止的特点,可以起动激波风洞。

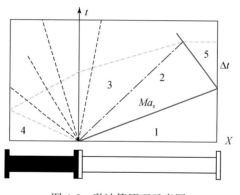

图4-2　激波管原理示意图

在激波管参数计算中,可采用理想激波管流动假设。利用简单波和等熵关系式,推出入射激波马赫数$Ma_s$计算表达式

$$P_{41} = \left[1 + \frac{2\gamma_1}{\gamma_1+1}(Ma_s^2-1)\right]\left[1-\frac{\gamma_4-1}{\gamma_1+1}c_{14}\left(Ma_s-\frac{1}{Ma_s}\right)\right]^{-\frac{2\gamma_4}{\gamma_4-1}} \quad (4-1)$$

式中,$P_{41}$为4区和1区压力比;$\gamma_1$和$\gamma_4$分别为1区和4区气流的比热容比;$c_{14}$为1区和4区的声速比

$$c_{14} = \sqrt{\frac{\gamma_1 W_4 T_1}{\gamma_4 W_1 T_4}} \quad (4-2)$$

根据一维非定常波的反射和干扰理论,得到入射激波在低压端面反射后的马赫数$Ma_r$与$Ma_s$的关系式为

$$Ma_r^2 = \frac{2\gamma Ma_s^2-(\gamma-1)}{(\gamma-1)Ma_s^2+2} \quad (4-3)$$

5 区气流参数经过入射激波和反射激波两次压缩,其气流参数计算公式为

$$\frac{P_5}{P_1} = \frac{P_2}{P_1}\frac{P_5}{P_2} = \frac{\left[2\gamma_1 Ma_s^2 - (\gamma_1 - 1)\right]\left[(3\gamma_1 - 1)Ma_s^2 - 2(\gamma_1 - 1)\right]}{(\gamma_1 + 1)\left[(\gamma_1 - 1)Ma_s^2 + 2\right]} \quad (4\text{-}4)$$

$$\frac{T_5}{T_1} = \frac{T_2}{T_1}\frac{T_5}{T_2} = \frac{\left[2(\gamma_1 - 1)Ma_s^2 - (\gamma_1 - 3)\right]\left[(3\gamma_1 - 1)Ma_s^2 - 2(\gamma_1 - 1)\right]}{(\gamma_1 + 1)^2 Ma_s^2}$$

$$(4\text{-}5)$$

激波风洞实验段气流由 5 区气流等熵膨胀得到,因此实验段参数可由以下公式确定:

$$\frac{p_\infty}{P_5} = \left(1 + \frac{\gamma - 1}{2}Ma^2\right)^{-\frac{\gamma}{\gamma - 1}} \quad (4\text{-}6)$$

$$\frac{T_5}{T_\infty} = 1 + \frac{\gamma - 1}{2}Ma^2 \quad (4\text{-}7)$$

式中,$p_\infty$ 和 $T_\infty$ 分别为实验段来流静压和静温;$\gamma$ 为比热容比;$Ma$ 为拉瓦尔喷管的设计马赫数。

由以上公式可知,入射激波马赫数 $Ma_s$ 是确定实验参数的直接因素。在激波管低压端安装相距 300mm 的 2 个 PCB 压力传感器以监测入射和反射激波速度,同时可为时序同步控制系统提供触发信号。为避免 PCB 压力传感器测量受到激波管体耦合电磁信号的影响,将 PCB 传感器装在尼龙护套中,这样既保护了 PCB 传感器,又避免了压力受到杂波干扰,如图 4-3 所示。当激波到达传感器位置时,示波器便会记录到一个上升沿。图 4-4 为实验中 TDS3032B 示波器记录得到的典型压力信号,其中两条线分别来自两个通道,代表两个位置的传感器信号,它们的第一个上升沿由入射激波引起,第二个上升沿代表着反射激波到达传感器位置。由两者上升沿之间的时间差和两个传感器间距,便可得到入射激波和反射激波的速度。

图 4-3　传感器和激波管体装配照片

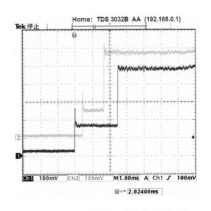

图 4-4　示波器记录的典型数据

激波管高低压段长度均为 6m,管体由圆截面(内径为 100mm、外径为 130mm)不锈钢管(316L)构成,主要包括高压段、夹膜段、低压段和实验段、充配气系统、辅助系统、测量系统等部分。低压段和高压段结构尺寸完全相同,每段 2m,各段通过阴阳面止口和 O 型圈相连。风洞稳定工作时间 $\Delta t$ 在 5ms 左右。实验中激波管采用氢气驱动空气的运行方式,破膜压力 $P_4 = 1.5$MPa,低压段初始压力 $P_1 = 0.25$MPa,实验采用铝膜隔离 1 区和 4 区,破膜前后照片如图 4-5 所示。由式(4-2)和式(4-3)计算得到 5 区压力和温度分别为 $P_5 = 23.1$MPa,$T_5 = 600$K,进而根据式(4-4)和式(4-5)计算得到 $Ma = 5$ 的条件下自由流压力 $p_\infty = 4349$Pa、温度 $T_\infty = 100$K,再由声速公式计算得到实验段来流速度 $V_\infty = 1002$m/s。

图 4-5　铝膜破膜前后照片

### 4.3.2　拉瓦尔喷管

拉瓦尔喷管的设计目的是保证实验段获得设计马赫数的均匀气流。喷管面积比(实验段进口面积与喷管喉部面积之比)决定了设计马赫数的大小,要获得不同的马赫数,就要使用面积比不同的喷管。气流的均匀度则由喷管型线设计决定,喷管型线设计主要是指扩张段超声速型线设计,对于收缩段的亚声速型线设计,只要求型线过渡平缓,不产生流动分离,扩张段超声速型线设计主要根据特征线的理论。

设计喷管分为三个步骤:

(1)假定喷管内的流动是理想流动,由等熵公式设计的喷管型线称为位流曲线;

(2)估算喷管壁面的边界层发展;

(3)修改位流曲线,消除边界层的影响。

二维喷管型线如图 4-6 所示。采用圆弧加直线方法设计的喷管型线包括亚声速部分和超声速部分。其中,超声速部分包括初始膨胀段、平行段和实验段。喷管扩张段型线的设计思路是:AB 段把喉部的声速来流变成 B 点的超声速泉流,BC 段将超声速泉流变成满足马赫数要求的均匀平行流,通过设计 BC 段曲线,消除到达其上的膨胀波。

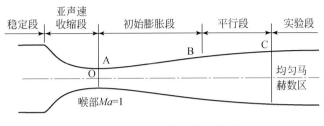

图 4-6　二维喷管型线示意图

如果喷管构型直接按照位流曲线加工,而不进行边界层修正,那么将出现两个问题:一是由于壁面出现边界层并且其厚度不断增加而改变了波系的形状,使喷管出口得不到均匀流;二是边界层的存在改变了喷管的有效截面积,改变了面积比,使喷管达不到设计马赫数。因此,必须修正喷管位流曲线。具体的方法是计算喷管各点的边界层位移厚度,然后将理论曲线向外推移,其距离等于当地的边界层位移厚度,如图 4-7 所示。

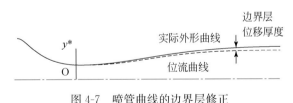

图 4-7　喷管曲线的边界层修正

基于上述方法,本节设计了马赫数分别为 5、6、7 的轴对称拉瓦尔喷管。

### 4.3.3　真空系统

真空系统包括真空舱、真空泵和真空计,其作用是安放实验模型和提供低背压环境,为喷管起动提供必要条件。真空舱体积为 $1.5\text{m}^3$,其中置放了面包板,面包板上均布了 M6 的内螺纹,可方便地安装实验模型。真空泵包括德国莱宝旋片泵 SV100B 和罗兹泵 WAU501,两者配合可将真空度抽至 10Pa 量级。观察窗、拉瓦尔喷管与真空舱连接时均采用 O 型圈密封。建设完成的激波风洞实物照片如图 4-8 所示。

图 4-8　激波风洞实物照片

# 4.4　流场参数测量方法

## 4.4.1　流动的测量与显示方法

流体的流动极为复杂,流动的测量与显示方法在流体力学发展中起着十分重要的作用。流动的测量参数包括压力、温度、流量及速度等,对超声速飞行器的激光空气锥减阻研究而言,主要关注的是飞行器模型所受的激波阻力,因此压力是首选的测量参数,本书也只针对压力的测量方法进行介绍。另外,流体多为无色物质,尤其是空气,其流动状况无法直接观察,因此需要采用流动显示方法将流动变成可直接观察的图像,这种方法称为流动显示方法。流动显示方法不但使研究者获得流动的宏观图像,在某些情况下还可以通过图像处理得到定量的流动参数。

### 1. 压力测量方法

流场参数中,压力测量是研究最多的测量项目,也是一项最基本的测量技术。不但压力本身是表征流体流动过程的重要参数,而且流速、流量等参数的测量也往往可以转化为压力测量。

流动状态下的流体压力分为静压和总压。静压是指流体以速度 $V$ 运动时,垂直作用于与其速度方向相平行的单位表面积上的作用力;总压是指流体从速度 V 等熵滞止至零时所具有的总压力;总压与静压的差值称为动压。

从被测压力的性质来看,压力测量分为静态压力(稳定压力)测量和动态压力 (不稳定压力)测量两种。静态压力是指流体压力不随时间改变,或者变化很慢,是 实验室或工业中常用的测量,因此称为常规测量;动态压力是指流体压力随时间快 速发生变化,或者周期性变化,是研究非定常流动和湍流等流动特性时必须进行的 特殊测量[4]。

测量压力的系统或装置一般由三部分组成。

1)感受部分

感受部分是直接感受流体压力的仪器或元件,称为感压器、压力探头或压力探 针。在常规测量中,常用测压孔和各种形状的测压管;在电测或动态测压时,常用 压力传感器,将所感受的压力转换为电信号输出。

对感受部分的基本要求是:

(1)探头或传感器的几何尺寸相对于流场的特征尺寸必须足够小,使得感压器 置入流场中对周围流体的扰动最小。

(2)探头的性能和所测的流速范围相适应,如果探头不是专门测量流动方向 的,就应对流向的偏斜极不敏感。

(3)探头应具有足够的强度和刚度,结构简单、安装使用方便。

(4)压力传感器应能达到动态响应好,能满足多点快速测量、远距离传输和自 动记录的要求。

2)传输部分

传输部分利用导管将感受到的压力传到指示器,或者将电信号通过导线传送, 并放大或缩小,再传送以便指示和记录。

3)指示部分

指示部分包括指示器和记录仪,主要作用是将传输部分传来的压力或电量直 接指示或记录下来。

在流体力学实验研究中,测量压力的范围十分广泛,可由负压到中高压。在这 样宽的压力范围内,需要采用各种类型的压力计和记录仪。按照转换原理的不同, 大致可分为以下四类。

(1)液柱式压力计:将被测压力转换为液柱高度进行测量,主要用于测量低压、 负压或压力差。

(2)弹性式压力计:将被测压力转换成弹性元件弹性变形的位移进行测量,主要用于测量微压、低压和中高压,在工业上应用广泛。

(3)活塞式压力计:将被测压力转换成活塞上所加平衡砝码的重量进行测量,此类压力计是一种标准的压力测量仪表,又是一种压力发生器。

(4)电气式压力计:将被测压力转换成各种电量进行测量,此类传感器式压力计多用于远距离和动态压力的测量。

### 2. 流动显示方法

流动图案的观察是流体力学实验研究的一个重要方法。流动图案的观察需要一定的方法和设备,这种方法称为流动显示方法。

根据观察流体流动的物理学原理,流动显示方法分为两大类:一类是在流体中加入可见物的示踪方法,如在流体中加入染色剂,向气流中引入烟线等;另一类是利用流体在流动过程中,由于流动参数的改变引起的流体物理性质的变化,如密度、温度等的变化,再用光学或其他手段显示出来,如纹影仪、红外成像仪等,从而获得流动图像[5]。

空气动力学实验中,示踪物法主要用于低速气流的流动显示,包括丝线法、示踪粒子法、染色法和烟风洞等。对超声速流动等高速流动而言,目前应用最为广泛的是光学显示方法。该方法的特点是:不在流场中加入探测仪器,对流场没有干扰;可采用快速照相的方式,反应速度快,适用于研究不稳定和高速流动过程;可同时对大范围流场进行光学显示,在短时间内获得大量的空间信息。当然,该方法也存在缺点:例如,被研究的流场边壁必须透明,以利于光线通过;一般只适用于二维高速流动;光学仪器昂贵,技术要求高。

经典的光学流动显示方法,如阴影法、纹影法、干涉法等是利用光的折射效应或利用不同光线相对的相位移形成图像,显示有密度变化的流场。光学方法对流场没有干扰,可直接反映密度的变化,给出定量的结果,因此被广泛应用于高速流场的测量。纹影技术反映了密度场的一阶导数,阴影技术反映了密度场的二阶导数。要从这两种方法得到密度分布,需要进行积分计算,经过一些特殊的处理,其结果可用来定量地重建流场中的密度分布。

在气体流动显示中,通常利用流场的光学性质,由光学显示方法来测定气体参数的空间分布。流场的温度、压力、浓度和马赫数等状态参数与密度有确定的函数关系,而气体的光学折射率是其密度的函数。由于流场的折射率变化对通过流场的光线产生扰动,因此许多经典的光学方法可以通过鉴别光线被扰动的程度来确定流场折射率的空间分布。图 4-9 简要给出了被测流场状态参数与各种光学方法之间的相互关系。

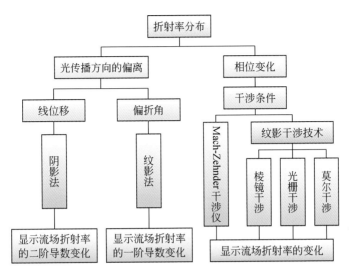

图 4-9　被测流场状态参数与各种光学方法之间的相互关系图

在众多的光学流动显示方法中,纹影法是使用最为广泛的方法,因此下面主要针对纹影法进行介绍。

1)基本原理

光学显示方法的基本原理是根据光线传播方向的偏离或位相差来确定流场的折射率变化,从而进一步确定流场状态参数。

光线经过介质时,折射率 $n$ 和密度 $\rho$ 具有如下关系:

$$n-1 = k\rho \tag{4-8}$$

式中,$k$ 为 Gladstone-Dale 系数,它针对不同的介质具有不同的值,并且与温度和波长有关。因此,光线经过密度不均匀的介质(如冲击波)时,折射率将发生变化,即将产生偏折。如图 4-10 所示,光线进入某一不均匀介质 $Q$,然后射到屏幕或底片 $P$ 的 $A'$ 点上,但此时已和原来方向偏离一个角度 $\varepsilon$,而不是通过均匀介质应到的 $A$ 点,$A$ 和 $A'$ 之间的距离及光线偏射角均可测量。另外,由于光速改变和介质密度有关,因此光线到达 $A$ 和 $A'$ 点的相应时刻 $t$ 和 $t'$ 也是可测量的。

假定流场中折射率连续变化,每一条光线在非均匀流场中仅发生无限小的偏折,即光线在流场的入射点和出射点具有相同的坐标,但光线有不可忽略的曲率。设 $n$ 为折射率,光线沿着 $z$ 方向,在 $x$、$y$ 方向上都存在折射率梯度。根据费马原理,经过计算得到光线经过整个扰动区后的总偏折角可表示为

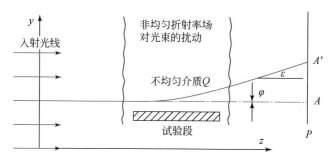

图 4-10 光线通过待测流场的偏折效应

$$\begin{cases} \varepsilon_x = \int_0^l \frac{1}{n} \frac{\partial n}{\partial x} \mathrm{d}z \\ \varepsilon_y = \int_0^l \frac{1}{n} \frac{\partial n}{\partial y} \mathrm{d}z \end{cases} \tag{4-9}$$

式中,$l$ 为扰动区在 $z$ 轴方向上的宽度。

$x$、$y$ 方向偏折位移量分别为

$$\begin{cases} \Delta x = L \int_0^l \frac{1}{n} \frac{\partial n}{\partial x} \mathrm{d}z \\ \Delta y = L \int_0^l \frac{1}{n} \frac{\partial n}{\partial y} \mathrm{d}z \end{cases} \tag{4-10}$$

式中,$L$ 为扰动区到光屏的距离。

偏折后与未发生偏折时的差为

$$\Delta t = t' - t = \frac{1}{c} \int_0^l [n(x,y,z) - n_0] \mathrm{d}z \tag{4-11}$$

式中,$c$ 为真空中的光速,相位差为

$$\Delta \phi = \frac{2\pi}{\lambda} \int_0^l [n(x,y,z) - n_0] \mathrm{d}z \tag{4-12}$$

2)彩色纹影技术

由于眼睛对颜色的变化比黑白浓度的变化更敏感,并且彩色包含了色调和饱和度的变化,彩色照片的信息量是黑白照片的两倍多,因此人们采用有颜色变化的纹影照片来显示扰动区内折射率变化,即彩色纹影技术。

彩色纹影通常配有很多装置,比较常用的是利用彩色滤光片代替原来的纹影刀口。采用透明的彩色滤光片代替刀口,如采用红黄蓝三种条形滤光片代表不同的密度梯度,未扰动区域用黄色代表,正的和负的偏折角分别用红色和蓝色来代表。彩色滤光片的设计可以多种多样,可分为定向和不定向两种,这将在后面详细介绍。

　　彩色纹影的显示原理与黑白纹影类似。黑白纹影图分析是以图片的反差为基础进行计算的,纹影图像上的等照度线相当于物场中扰动介质等偏离量偏折角的轨迹,而彩色纹影图则可按颜色的变化进行计算,等彩色线相当于物场中出口处的等偏离轨迹,后者比前者更加精确。

　　在纹影镜刀口位置处的位移量为

$$\Delta a = f_2 \varepsilon_y \tag{4-13}$$

式中,$f_2$ 为成像透镜的焦距;$\varepsilon_y$ 为试验段中扰动场引起的光线偏折角。由于中心彩色光束的偏移,通常会有两种色光分别以面积 $F_1$ 和 $F_2$ 透过滤波片,如图 4-11 所示。这时在记录平面上出现这两种色光的相加混合。根据色度学中的格拉斯曼(Grassmann)颜色混合定律,两种非补色相加混合后的中间色,其色调取决于两种颜色的相对数量;其饱和度取决于两者在色调顺序上的远近,而混合色的总亮度等于组成混合色的各色亮度的总和。如果滤波片的三色透过率相等,那么混合后的中间色光亮度不变,而色调和饱和度是中心光束的偏移量 $\Delta a$ 的函数,因此由式(4-13)就可得到实验段中相应局部引起的光线偏折角。

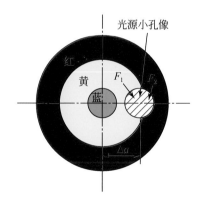

图 4-11　彩色滤光片光线偏折示意图

　　由偏折角联立下式后积分,就可得到扰动场中相应局部的密度梯度。

$$\varepsilon = \int_0^l \frac{1}{n} \frac{\partial n}{\partial x} dz \tag{4-14}$$

式中,$l$ 为扰动区在 $z$ 轴方向上的宽度。

　　3)关键理论与技术

　　按照光线通过被测流场区的形状,纹影仪系统分为平行光纹影仪和锥形光纹影仪两大类,两类纹影仪的光学成像原理及纹影图的分析方法相同。锥形光纹影仪的结构简单,其灵敏度可达平行光纹影仪的一倍。但是,这种仪器由于是同一条光线反复经过被测量流场区,因此带来了被观测流场的图像失真,锥形光纹影仪适用于对低速流场的显示。平行光纹影仪能够真实地反映流场密度的变化,又便于改造成纹影干涉仪系统,在超声速流场的研究中得到了广泛应用。

平行光纹影仪又分为透射式和反射式两种。透射式的光学成像质量好,但要加工大口径的双球面透镜非常困难;反射式的光学成像虽然带有轴外光线成像造成的慧差和像散两类像差,但只要在光路上采用"Z"形布置和在仪器使用时将光刀刀口面调整到系统的子午焦平面和径向焦平面上,就可以减少或消除两类像差,从而得到满意的结果。

在实际应用中,通常采用反射式平行光纹影仪装置进行测量。纹影仪由线光源 $S$、聚光镜 $L_c$、有效光源 $S_e$(由孔径光阑控制光源大小)、纹影镜 $L_{s1}$ 和 $L_{s2}$、刀口 $K$、照相物镜 $L_p$ 及投影光屏(或照相底片)$P$ 组成。扰动区面积要小于纹影镜口径,且处于平行光路中,扰动区与纹影镜的距离无严格限制。扰动区的位置、成像大小只与照相物镜系统相关。如图 4-12 所示。

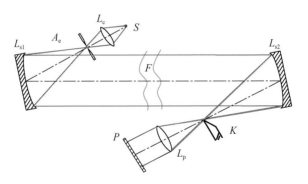

图 4-12　反射式平行光纹影系统

这种类型的纹影仪系统中主要包括三个子系统:光源照明系统、纹影系统和成像系统。在系统设计过程中,需要注意的问题也来源于各个子系统。包括的主要关键技术有:系统光源设计技术、纹影仪刀口技术、光路设计技术,以及测试区与纹影仪接口部分的窗口设计技术和整个系统的同步控制技术等。下面主要介绍最关键的三种技术。

(1)系统光源设计技术。

光源是纹影仪系统构建过程中首先要关注的单元,是纹影仪的重要组成部分。纹影仪对光源的基本要求是亮度高且均匀,若是脉冲光源,则要求发光时间短(要达到百微秒量级或毫秒量级)且具有合适的光谱特性。

　　首先,为使仪器具有较高的灵敏度,光源的尺寸至少在一个方向上要比较小,这就要求光源的亮度要比较高,即光源在单位面积上的发光能量要大,以便在利用其中一小部分光的情况下能够满足底片的曝光要求。其次,为了使像面上的照度随刀口的切割量而成线性变化,要求光源的发光面至少在刀口切割方向上亮度均匀。光源对光谱的要求主要是光谱分布要与底片的响应波长相一致。

　　纹影仪光源需要采用线光源,线光源长度比狭缝长度稍长一些。光源需要能够透过不同透明度的试验段,并且刀口能够较大地切割光源狭缝的像,同时还要满足一定的时间分辨率,因此必须具有足够光强度的光源,并且还要考虑实时监测过程中光源具有满足需求的持续辐照时间。通常采用的脉冲光源有 LED、脉冲击穿放电和激光光源三种类型。

　　LED 是近些年被采用的纹影光源,是一种新型的光源技术,它可以提供从微秒到连续光的辐照时间,单个 LED 可以达到纳秒的发光时间,只是其发光亮度要适合光学图像采集系统的曝光量。集束的 LED,特别是线性排列的 LED,无论是发光强度还是脉宽(微秒量级)都能够很好地满足纹影拍摄的需求,同时,还具有单色性好、脉冲和连续方式可选、集束形状可设计等优势,作为较新兴的技术手段,该技术目前正在研发过程中。单个 LED 和线形集束 LED 纹影光源实物照片如图 4-13 所示。

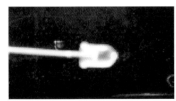

图 4-13　单个 LED 和线形集束 LED 纹影光源

　　脉冲放电光源主要是利用高电压或激光击穿空气时的发光现象,其突出特点是发光强度高、光谱范围较宽。在众多脉冲放电光源中,脉冲氙灯是最为常用且亮度较高的光源之一,它的峰值亮度和峰值输出光强很高,光色近于白光,发光脉冲宽度大范围可调,发光可控性较好,在同步照明中应用广泛,已成为高速摄影的优良照明光源。

　　氙灯是利用氙气在高压、超高压下的放电现象制成的光源。氙气在高压、超高压下放电时,原子被激发到更高的能级,并被大量的电离,在可见光区域发射出连续光谱。氙灯按工作气压分为脉冲氙灯(工作气压低于 100kPa)、长弧氙灯(工作气压约为 100kPa)、短弧氙灯(工作气压为 500~3000kPa)三类。在高速摄影中,常

用脉冲氙灯作为照明光源(本书中的氙灯均指脉冲氙灯)。脉冲氙灯属于非稳态的气体放电,具有以下特点:

①发射的光谱连续,光色近似日光;

②工作状态受制灯工艺、工作环境等条件的影响较小,光电参数一致性较好;

③工作电流或工作电压在一定范围内变化时,光谱能量分布基本不变;

④缺点主要是发光效率较低,约为 $30\sim50lm/W$。

由于脉冲氙灯的发光效率相对较低,因此在设计或选择氙灯作为光源时,首先要使其发光亮度能够满足高速拍摄过程中的曝光需求,其次考虑发光脉宽、电源性能及同步控制等方面的问题。

激光具有亮度高、方向性强、单色性高和易于准直等优点,能连续提供强度很高、单色性很好的激光光束,经过单色滤光,可以观察发光或燃烧等流场过程,是流动显示方法中一种较为理想的光源。

在记录装置的光学系统前面加入与激光光源波长对应的窄带滤光片,就可以排除其他波长的杂光干扰,能进入摄影物镜的被研究对象自发强光中的特定波长光强度与激光光源强度相比是微弱的,不会造成破坏性影响,而且某些烟雾也将被单色强光穿透。

在选择光源过程中,主要考虑的是激光器的功率问题,功率大小直接决定了光源强度的高低,也就决定了给定曝光时间下的曝光量的大小,是高速摄影中至关重要的问题。可采用氦氖激光器和氩离子激光器作为测试系统的光源,前者功率较小,后者功率较大。由于激光器光源对有燃烧过程的高速摄影效果有较大影响,因此选择激光器时还要注意到光束直径、激光器价格等因素。激光器价格随输出功率的增加而急剧上升,而且功率大时会带来使用安全方面的问题。光束直径大小会影响纹影光束的质量,需要予以注意。

激光器的输出功率由光路设计、高速相机性能、激光波长和数据处理方法等因素决定,所选激光器的功率至少要比背景火焰辐射大一个数量级,才能对其流场的显示达到一定的信噪比。另外,激光器对环境要求比较高,要求较为干净,否则图像质量会受到影响。

(2)纹影刀口技术。

刀口是纹影系统比较重要的部件,它是纹影技术区别于阴影技术的关键所在,也是纹影原理的形成导因,纹影装置的设计与改进主要涉及刀口的形状和功能的变化。

通常纹影仪所采用的刀口放置于光轴的垂直面上,对光源的像形成切割。设

光源的尺寸为 $a_s \times b_s$，设置在纹影镜 1 的左焦点处。如果流场无扰动，那么在纹影镜 2 的右焦点处（刀口平面处）会得到如图 4-14 所示的矩形光源像（图中的实线），其尺寸为 $a \times b$。光源与像共轭，两者的关系为

$$\frac{a}{a_s} = \frac{b}{b_s} = \frac{f_2}{f_1} \tag{4-15}$$

式中，$f_1$ 和 $f_2$ 分别为纹影镜 1 和 2 的焦距。

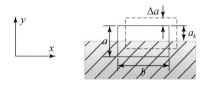

图 4-14　刀口平面的光源像

　　在使用中应把光源调整到短边 $a$ 与刀口相垂直，使得灵敏度最大。在光线未被干扰时刀口应挡住高度 $a$ 中的一部分，而从刀口上部 $a_k$ 部分通过。调节刀口的高度，可以调节 $a_k$ 的大小，通常取 $a_k = a/2$。刀口应准确地处于纹影镜 2 的焦点处。当刀口沿垂直于光线方向移动时，记录平面上的亮度会均匀变暗，如果刀口不是正好在焦平面上，记录平面上亮度将会不均匀地变暗。

　　经过测试段中每一点的光线均来自光源的所有部分。如果测试段内折射率是非均匀分布，那么经过测试段中每一点的光线将在刀口形成不同的光源像。因此，一旦光线受到测试段气体折射率的扰动，记录平面上的照度就会发生变化。假定光源像未被刀口切割时，照相平面上的照度为 $E$；而有刀口在焦平面上切割像时，照度为 $E_k$，则

$$E_k = \frac{a_k}{a} E \tag{4-16}$$

　　当测试段中有干扰存在时，通过测试段的光线将发生偏转，在刀口处上移一个距离 $\Delta a$，记录平面上像照度将按比例增加为

$$E_a = E_k \frac{a_k + \Delta a}{a_k} \tag{4-17}$$

式中，$\Delta a = \pm f_2 \varepsilon$，正负号表示刀口的位置。如图 4-14 所示，刀口是向上切割的，当 $\varepsilon > 0$ 时得到 $\Delta a > 0$；若刀口是向下切割的，则当 $\varepsilon > 0$ 时得到 $\Delta a < 0$。刀口切割方向确定后，若光线偏离刀口，则 $\Delta a$ 取正值；相反，若光线向着刀口方向偏转，则 $\Delta a$ 取负值。

　　如前所述，光强的相对变化（对比度）可表示为

$$R_c = \frac{E_a - E_k}{E_k} = \frac{\Delta a}{a_k} = \frac{f_2 \varepsilon}{a_k} \tag{4-18}$$

因此,增大 $a_k$ 或减小光源像的剩余宽度可使得对比度变化更大,即仪器更灵敏,但不能使刀口切割不到光源像;另外,纹影图像中刀口偏折时,也不能超过某一个极限值,以免区域完全变黑而无法辨认。因此,刀口切割光源的多少要根据系统的灵敏度、被测对象的流场特性及具体的拍摄要求而定。

表 4-1 给出了前面提到的几种常用的纹影刀口。可以利用有方向性的刀口,如单刀口、双刀口和栅格等,也可以选择无方向性的圆环形刀口,能够得到黑白的纹影图像;要得到彩色纹影图像可以使用一组彩色带、一彩虹膜片或一个双色膜片得到定向的纹影图,也可以用双色或多色环或一圆形彩虹膜片得到无方向的彩色纹影图。

表 4-1 纹影刀口的种类

| 刀口颜色／刀口位置 | 黑白 | | | 彩色 | | |
|---|---|---|---|---|---|---|
| 定向 | 单刀口 | 双刀口 | 栅格 | 彩色带 | 虹膜片 | 双色带 |
| 不定向 | 黑白圆环 | 圆形阴影 | 双色圆环 | 双色膜片 | 彩色膜片 | 多色圆环 |

对于纹影系统而言,刀口的选择非常重要,是整个系统性质的决定因素,对于刀口的选择和设计,要在把握总的依据前提下,根据具体问题具体分析。

(3)光路设计技术。

在纹影系统光路中,纹影仪属于共轴球面系统。该系统有两个成像过程,一个是光源(狭缝)物空间子午面成像在仪器光刀刀口平面像空间共轭面上,另一个是被测流场扰动区物空间子午面成像在仪器的照相底片(或观察屏)像空间共轭面上。两组共轭面之间的光线,经过纹影仪的纹影镜 1 和纹影镜 2 及照相机物镜。

成像系统的功能是同纹影镜2一起将流场清晰地成像在照相平面上。

流场首先要经过纹影镜2成像,此像就是成像系统要照的目标或物体。此像到成像系统第一透镜的距离即成像系统的物距。对于给定的双反射平行光纹影仪而言,此像在纹影镜2之后,即流场通过纹影镜2成的像(虚物)。

由于纹影镜尺寸决定了被测流场区域的大小,并且纹影镜的相对孔径(口径与焦距的比)比较小,因此纹影镜2的焦距通常都比较大,一般在米量级。由于系统结构尺寸不宜过大,被测流场通常在纹影镜2的二倍焦距以内,所成的放大的虚像在纹影镜的二倍焦距以外,也即成像系统所要成像的虚物在距离成像系统入口镜较远的地方,因此要获得一定尺寸的图像,成像系统必须有较长的焦距。

成像系统位于纹影镜2的焦点后,也即在刀口后端。一方面,成像系统起到收敛纹影镜2反射的经过其焦点后的发散的纹影光束,将其送到相机的底片上;另一方面,成像系统的焦距可以进行适当调节,使得纹影镜提供的流场的虚物在底片上成清晰的像。纹影仪的光路设计过程需要注意两个关系:

①被研究流场按比例成像于成像底片上,也就是物像共轭,而且使得被研究区域充满所得的画幅;

②位于刀口平面的纹影系统的出口光源像,与相机光阑平面处相机的入口共轭成像。

为了保证这两个关系,使纹影仪和相机耦合成一个完整的系统,需要在其间加入成像系统光学组件,对整个成像光路进行设计和分析。

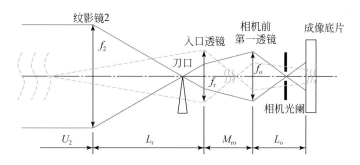

图 4-15　成像系统光路设计示意图

如图 4-15 所示,虚物通常在入口透镜的二倍焦距以外,经过入口透镜必然成缩小的实像,实像在入口透镜的一倍到二倍焦距之间。假定被测流场距离纹影镜2 为 $U_2$,所成虚物距离纹影镜2 为 $V_2$,且与被测流场同侧。由透镜成像公式有

$$\frac{1}{U_2}+\frac{1}{V_2}=\frac{1}{f_2}, \quad V_2=\frac{f_2 U_2}{U_2-f_2} \tag{4-19}$$

即给定纹影系统，$V_2$通常为已知量。

假定纹影镜 2 与成像系统入口透镜距离为 $L_r$，入口透镜焦距为 $f_r$，所成实像距离入口透镜为 $V_r$，于是

$$\frac{1}{V_2 + L_r} + \frac{1}{V_r} = \frac{1}{f_r}, \qquad V_r = \frac{f_r(V_2 + L_r)}{V_2 + L_r - f_r} \tag{4-20}$$

即给定入口透镜的焦距，确定其与纹影镜 2 的距离后，所成实物像距离确定。

相机前透镜又对该实像成像，所成实像直接落于成像底片上，而由于第一虚物较远，因此经过入口透镜所成的缩小的实像较小，所以在相机前透镜要有较大的放大倍数，即该缩小的实像应尽量靠近相机前第一透镜焦点，并在其一倍焦距和二倍焦距之间。实物像与成像底片共轭成像，其间距大于相机前第一透镜的四倍焦距，因此，当给定相机前第一透镜焦距 $f_o$ 时，有

$$\frac{1}{M_{ro} - V_r} + \frac{1}{L_o} = \frac{1}{f_o} \tag{4-21}$$

相机前第一透镜与成像底片间距离给定时，可以证明，总存在满足上述方程的 $M_{ro}$ 和 $L_o$，使得成像关系成立。因此，对于给定纹影系统，给定入口透镜与纹影镜 2 间的距离和入口透镜与成像底片间的距离，这时移动相机前第一透镜总能找到合适的位置使得底片上成清晰的像。像的放大倍数为

$$K = \frac{V_2}{U_2} \frac{V_r}{V_2 + L_r} \frac{L_o}{M_{ro} - V_r} \tag{4-22}$$

### 4.4.2 基于激波风洞的减阻实验参数测量方法

#### 1. 压力测量方法

激光等离子体与弓形激波的作用过程为快速过程，因此要求传感器的响应频率足够高；钝头体本身尺寸较小，要求传感器的尺寸尽量小；由于激光与弓形激波作用会产生瞬间的高温，因此对传感器工作温度提出了较高的要求。受测试环境及测量要求的限制，采用 PCB PIEZOTRONICS 公司的 111A24 型压电传感器测量钝头体表面驻点压力，其结构示意图和性能参数分别如图 4-16 和表 4-2 所示[6]。

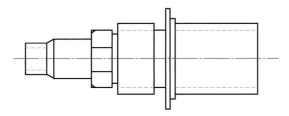

图 4-16  PCB111A24 结构示意图

表 4-2　PCB 111A24 性能参数

| 量程/MPa | 分辨率/kPa | 响应频率/kHz | 上升时间/μs | 工作温度/℃ | 瞬间可承受的最大温度/℃ |
|---|---|---|---|---|---|
| 6.8 | 0.14 | 400 | 1.5 | −73~135 | 1649 |

测量原理是将压力转化为电信号,输入采集卡,传感器与模型之间用螺纹连接。该传感器具有如下优点:

(1)体积小,近似为 $\phi5.5mm \times 30mm$ 的圆柱体,适用于较小的模型。

(2)响应快,响应时间小于 $1.5\mu s$,灵敏度为 0.73mV/kPa,误差为±10%,分辨率为 0.14kPa,采样率不小于 400kHz,可以研究 $\mu s$ 时间量级的压力变化。

图 4-17 为传感器安装示意图和照片。

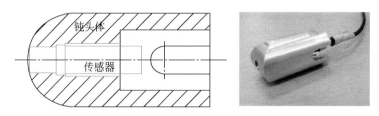

图 4-17　传感器安装示意图和照片

信号调节器 PCB482C16 的作用是为传感器提供电源、设置测试参数及工作模式等。阻力传感器和信号调节器工作电路图和实物照片如图 4-18 所示。这种电路结构具有如下优点:

(1)内置的集成电路可以产生满足大多数采集设备所需的低阻抗电压信号。

(2)仅需要一个简易的恒流源信号调节器。

(3)信号可以在较苛刻的环境中用长电缆传输,而不会降低信号的质量。

(4)电路的典型工作温度可以达到 121~154℃。

(5)灵敏度和频率范围是传感器的固有属性,不受外接电压影响。

信号调节器 PCB482C16 通过 RS232 接口与计算机相连,实现传感器的参数设置。信号采集由成都中科动态仪器公司的 PCI4712 高速数据采集卡实现。该卡采用同步并行设计,支持 32 位、5V 的 PCI 总线;每个通道都有独立的 40MS/s、12 位的 A/D 转换器;具有独立的存储空间,采样深度达到 4MS/CH;DDS 频率合成器可以实现 1KHz~40MHz 的任意采样频率合成。PCI4712 的输入阻抗为 $1M\Omega$,可以忽略测试设备的分压影响。

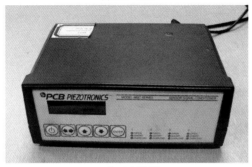

(a)工作电路

(b)信号调节器

图 4-18  压力传感器与信号调节器工作电路图和实物照片

**2. 瞬态流场演化过程诊断方法**

1)激光空气锥减阻的瞬态流场特点

ns 脉冲激光在超声速流场中沉积,产生激波和高温低密度区,在来流的作用下向下游移动,与钝头体前弓形激波作用,整个作用过程持续时间在百微秒量级。从流场光学显示的角度看,具有如下特征:

(1)演化过程快。激光能量沉积产生的激波与弓形激波相互作用时间在百微秒量级,要求光学显示系统能够拍摄到相互作用的演化过程,因此光学显示系统的时间分辨率应小于 $10\mu s$。

(2)气流速度快。在来流马赫数为 5 的条件下,自由流速度约为 1400m/s,因此,若要求叠加信息的空间尺度低于 mm 量级,则曝光时间不能高于 $\mu s$ 量级。

(3)激波强度差别大。超声速气流密度较低,导致激光击穿流场之后形成的激波非常弱,而在超声速气流中,钝头体前形成的弓形激波为强激波,两者激波强度相差较大。

(4)流场尺寸小。典型流场视场实际尺寸约 30mm×30mm,由于对空间分辨率的需求较高,因此分辨能力应不低于 0.03mm,图像像素点应不小于 1024×1024。

　　因此,要对激光空气锥减阻瞬态流场进行光学显示,必须针对其流动特征,解决高速度、小视场和跨多个量级的观测问题。

　　2)纹影测量系统方案设计

　　如前所述,在气体流动显示中,通常利用流场的光学性质,由光学显示方法来测定气体参数的时间和空间分布。在众多光学显示方法中,纹影方法一直是最为清晰、直观的显示手段之一,广泛应用于各种高速流动现象的观测环境中。纹影光学显示方法的基本原理是根据光线传播方向的偏离或位相差来确定流场的折射率变化,从而进一步确定流场状态参数。利用纹影系统将光线通过气流扰动区后引起的不同方向的偏折光区分开来,将产生的光源像用纹影刀口挡掉部分,以改变视屏上的照度,使扰动区折射率的变化呈现为视屏(或照相底片)上明暗变化的纹影图像。纹影显示原理示意图如图 4-19 所示。

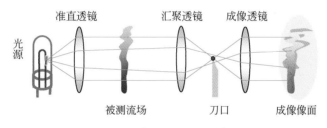

图 4-19　纹影显示原理示意图

　　超声速流场气流速度快,要求曝光时间不能高于 $\mu s$ 量级,对光源亮度提出了很高的要求,同时还要考虑实时监测过程中光源要满足持续辐照的需求。

　　脉冲氙灯是利用高电压击穿氙气时的发光现象照明,其特点是亮度高,$0.1\mu s$ 的曝光便可获得很亮的视场,满足短曝光、高时间分辨率的要求;而且脉冲氙灯发光的持续时间在 ms 以上,流场的演化过程为百 $\mu s$ 量级,满足持续辐照的要求;为了使系统具有较高的灵敏度。光源的尺寸至少在一个方向上要比较小,因此选择在脉冲氙灯后放置狭缝,使纹影仪系统具有较高的灵敏度。

　　所拍摄流场的激波强度范围宽,要求纹影系统具有较高的灵敏度,刀口是决定纹影系统灵敏度比较重要的部件。4.4.1 节对纹影刀口的关键理论和技术进行了较为细致的阐述。

　　3)高速相机的选取原则

　　要精细刻画在激光注入之后到与弓形激波相互作用结束之前的瞬态流场演化特征,要求高速相机的曝光时间足够短。由于拍摄区域尺寸较小,同时要求相机有足够的空间分辨率,因此高性能的相机是研究瞬态流场演化过程必不可少的设备。

本系统选用 HSFC PRO 超高速相机,其成像系统由摄像头和四个 PCI 组成,即具有四个通道,相机最短曝光时间为 3ns,两个通道的最短延迟为 1ns,每个 CCD 的分辨率为 1280×1024,最小测试范围 $6.7\mu m\times6.7\mu m$,感应光谱范围为可见光到近红外。超高速相机照片如图 4-20 所示。

图 4-20　HSFC PRO 超高速相机照片

# 4.5　激光能量加载和时序同步控制系统

### 4.5.1　激光能量加载系统

产生激光的单脉冲激光能量加载系统主要由低频脉冲 Nd:YAG 激光器、反射和聚焦光学系统等组成。激光器波长为 1064nm,脉宽为 10ns,最大重复频率为 10Hz,最大单脉冲能量为 400mJ,低频脉冲激光器照片如图 4-21 所示。

激光能量加载系统光路设计原则如下:

①能量损失尽可能小;

②聚焦光斑尽可量小;

③光路及设备不受气流影响,保证实验过程中激光能量参数不变。

实验中能量加载系统的光线通过真空罐窗口进入,光线水平聚焦,方向与来流方向垂直,通过焦距为 150mm 的聚焦透镜把激光聚焦于钝头体前某特定位置击穿来流,聚焦位置的调节通过平移和转动激光器和聚焦透镜实现。

能够产生高重频激光的激光器系统由 4 台 Nd:YAG 激光器合束而成,采用反射方法实现,其实物照片如图 4-22 所示,输出波长为 532nm,单脉冲能量超过 400mJ,脉宽为 8ns,能量稳定性高于 98%,激光发散角小于 $10\mu rad$,通过外部触发控制各个激光器的出光时刻实现高重频,克服了传统激光器重频和能量低的弱点,可聚焦后击穿高超声速气流形成准静态波结构。

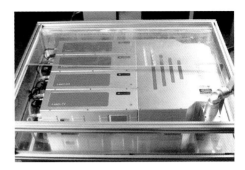

图 4-21　低频脉冲激光器照片　　　　图 4-22　高重频 Nd∶YAG 激光器系统

只有在合适的激光能量大小和频率条件下,多个点爆炸波才能够合并成为准静态波。单个脉冲激光能量大小可调节激光器实现控制,并通过能量计检测激光能量大小。频率通过控制脉冲激光的出光间隔确定,由数字延迟发生器 DG645 实现。例如,若要得到 150kHz 的重频,则需将激光器间的出光时间间隔设定为 6.7$\mu$s。

## 4.5.2　时序同步控制系统

激光能量沉积及激波相互作用为快速过程,相互作用时间在 100$\mu$s 量级,这种快速过程的光学显示对超声速气流、激光器触发、闪光源闪光、高速相机快门及采集卡采集的工作时序提出了较高的要求。

时序同步控制示意图如图 4-23 所示,激波管低压端安装的 PCB 压力传感器监测入射激波 $M_s$,将压力信号的上升沿输入数字延迟脉冲发生器 DG 645 作为触发信号,虚线所示为纹影光路。入射激波到达低压端之后 3ms,风洞已经起动并处于稳定工作状态,脉冲氙灯闪光源响应时间为 160$\mu$s,闪光时间为 1ms,因此设置控制脉冲氙灯闪光源的延迟时间为 2.84ms;Nd∶YAG 激光器响应时间为 240$\mu$s,因此设置控制 Nd∶YAG 激光器的通道延迟时间为 2.76ms。高速相机的通道延迟时间为 3ms,使得激光击穿空气时视场已经被闪光源照亮,同时高速相机开启,高速相机 4 个通道可以由采集软件设置不同的延迟时间以记录不同时刻的流场状态。将控制数据采集卡的通道延迟设置为 3ms,采集时间为 1ms,使得整个流场控制过程 0°位置的压力数据都能被记录。图 4-24 为系统综合时序图,通过设置高速相机内部延时,拍摄流场演化的不同时刻。

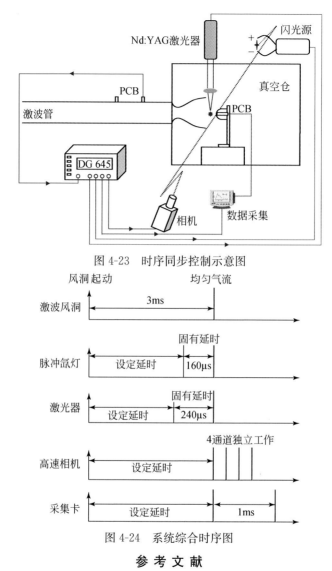

图 4-23  时序同步控制示意图

图 4-24  系统综合时序图

## 参 考 文 献

[1]王铁城．空气动力学实验技术[M]．北京:航空工业出版社,1995.

[2]陈强．激波管流动和实验技术[M]．合肥:中国科学技术大学,1976.

[3]王殿恺．激光能量控制高超声速波系结构特性研究[D]．北京:装备学院博士学位论文,2013.

[4]陈克城．流体力学实验技术[M]．北京:机械工业出版社,1984.

[5]罗惕乾,程兆雪,谢永曜．流体力学[M]．北京:机械工业出版社,2010.

[6]方娟．激光空气锥减小超声速飞行器波阻的方法研究[D]．北京:装备学院博士学位论文,2012.

# 第5章　单脉冲激光空气锥减阻

高温低密度区(即激光能量沉积形成的扰动区)的参数决定了减阻性能的优劣,因此研究激光能量沉积对超声速流场参数演化特性的影响显得尤为重要。激光能量在超声速流场中沉积及对流场结构干扰的物理机制为:激光束聚焦于超声速流场某特定区域内,使得该区域环境气体发生电离以致击穿,形成等离子体。被吸收的激光能量转化为等离子体的内能,与流动发生耦合,按照气体动力学的规律运动[1]。激光等离子体在超声速流场的作用下向下游运动,改变了能量沉积区域下游流场的参数及特性。激光的入射方式分为单脉冲、连续、多脉冲三种,单脉冲激光相对其他两种方式较为简单,仅为一发,激光入射后与超声速流场相互作用,作用结束后重新变为初始流场。虽然作用时间不长,但这个过程中产生的一系列现象十分值得研究和探索,将为连续和多脉冲激光与超声速流场的相互作用研究打下基础,因此本章所关注的是最基础的单脉冲激光空气锥减阻特性研究。严格来说,单脉冲激光注入超声速飞行器前缘流场中,只会在一个脉冲持续的时间内对流场产生影响,并不能形成真正的空气锥,但为使全书体系统一,此处不加区别,依然称其为单脉冲激光空气锥减阻。

本章将采用第3章建立的数值计算方法和第4章建立的实验方法,描述单脉冲激光能量沉积及随后产生的波系结构在超声速流场中的演化过程,分析沉积区域形状和能量大小对超声速流场结构及特性的影响规律,研究不同来流马赫数条件下流场参数的变化规律,最后分析总结能量沉积对流场扰动区温度特性的影响规律。

在对扰动区参数演化特性研究的基础上,数值模拟单脉冲激光空气锥对钝头体前流场演化的影响。主要研究激光能量、能量沉积区域等对流场结构的影响,并从宏观上获得影响因素与减阻性能之间的关系。

## 5.1　计算模型和方法

由于超声速和高超声速气流的特性有所区别,因此对这两种条件下的单脉冲激光空气锥减阻过程分别进行描述。

### 5.1.1 超声速计算条件

用以模拟飞行器前缘的钝头体构形为半球体和圆柱体的组合构形,其二维半平面示意图及边界条件如图 5-1 所示。定义固壁为滑移边界,半球体半径 $R$ 为 6mm,后接圆柱体长度 $l$ 为 20mm。黑色线条所包围的区域为计算区域,初值条件如表 5-1 所示。为简化处理,激光能量沉积区域假定为半径是 0.2mm、高是 0.4mm 的圆柱体[2]。

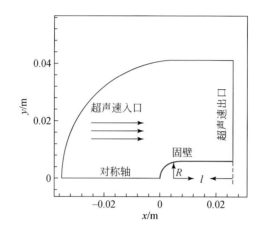

图 5-1 钝头体构形及边界条件

表 5-1 超声速初值条件

| 压强/Pa | 温度/K | 密度/(kg/m³) | 比热容比 | 马赫数 |
| --- | --- | --- | --- | --- |
| $5.8 \times 10^4$ | 130 | 1.5687 | 1.4 | 2.5 |

### 5.1.2 高超声速计算和实验条件

计算和实验所用钝头体均采用平面构型,直径为 20mm,$z$ 向宽度为 20mm,绕流区位于模型的 $z$ 向两侧,宽度各为 30mm。计算条件如表 5-2 所示,计算时外来流体为压力远场边界条件。钝头体表面定义为无滑移壁面边界条件,绕流区与钝头体区的交界面定义为对接边界条件,其他各面均定义为外推边界条件。采用 Gridgen 商用软件分区划分结构网格,网格总数目为 90 万,网格划分和边界定义如图 5-2 所示。采用第 3 章建立的计算方法进行三维计算,得到钝头体模型的剖面流场如图 5-3 所示,结果表明,未施加激光能量时钝头体表面中心点温度约为 600K,峰值压力约为 $1.4 \times 10^5 \mathrm{Pa}$[3]。

**表 5-2　高超声速初值条件**

| 压强/Pa | 温度/K | 密度/(kg/m³) | 比热容比 | 马赫数 |
| --- | --- | --- | --- | --- |
| 4349 | 100 | 0.1515 | 1.4 | 5 |

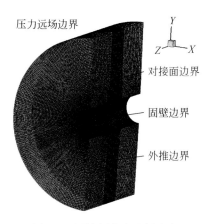

图 5-2　网格划分和边界定义

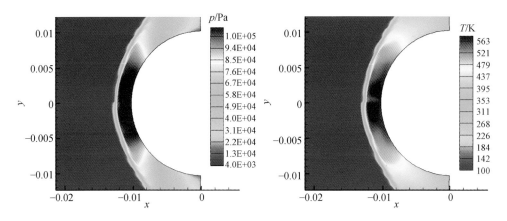

图 5-3　流场压力和温度分布的计算结果

将数值计算条件带入式(3-91)[4],可得弓形激波脱体距离的理论值为

$$\delta = 0.41D\frac{(\gamma-1)Ma_\infty^2+2}{(\gamma+1)Ma_\infty^2}$$

$$= 0.41 \times 20 \times \frac{(1.4-1)\times 5^2+2}{(1.4+1)\times 5^2}$$

$$= 2.8(\text{mm}) \tag{5-1}$$

数值计算得到的弓形激波脱体距离为 3.0mm,两者十分接近,由此进一步证明了计算方法的正确性与准确性。

## 5.2　超声速条件下的单脉冲激光空气锥减阻特性

### 5.2.1　单脉冲激光对钝头体前缘流场结构的控制规律

在马赫数为 2.5 的超声速来流条件下,无激光能量沉积时钝头体压力等值线如图 5-4 所示。由该图可知,超声速气流遇到障碍物,在钝头体前形成一道强度很大的弓形脱体激波。可见,当钝头体飞行器以超声速或高超声速飞行时,飞行器前缘产生很大的波阻,严重影响了飞行器的气动性能。

下面从钝头体表面压力与温度的分布定量分析超声速条件下钝头体表面物理参数的分布情况。钝头体表面相对压力(表面某处压力与来流静压之比)和相对温度(表面某处温度与来流静温之比)随角度(来流与钝头体表面法向的夹角,顺时针为正,逆时针为负)的变化如图 5-5 所示。从图中可以看出,驻点附近($\theta=0°$附近)压力约为来流压力的 8 倍,随着角度的增大,压力逐渐减小;总体来看,钝头体前表面压力均高于来流压力,因此由飞行器前后表面的压差产生波阻。钝头体表面的温度分布趋势与压力相同,驻点处温度约为 286K,是来流温度的 2.2 倍。

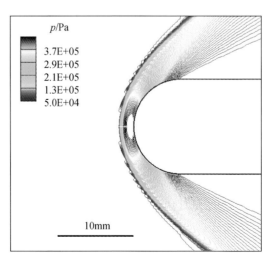

图 5-4　无能量注入时钝头体前缘压力等值线图

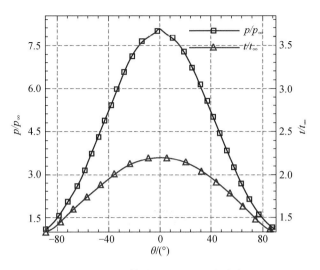

图 5-5　钝头体表面压力和温度分布图

以注入激光能量为 50mJ 为例,能量注入点距离钝头体驻点 12mm,单脉冲激光控制钝头体前弓形激波结构的演化过程如图 5-6 所示[5](图 5-6(a)中,第 1 列为 $t=1\mu s$,第 2 列为 $t=9\mu s$,第 3 列为 $t=12\mu s$;图 5-6(b)中,第 1 列为 $t=15\mu s$,第 2 列为 $t=25\mu s$,第 3 列为 $t=30\mu s$)。

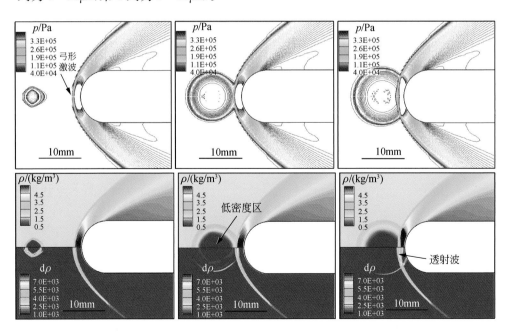

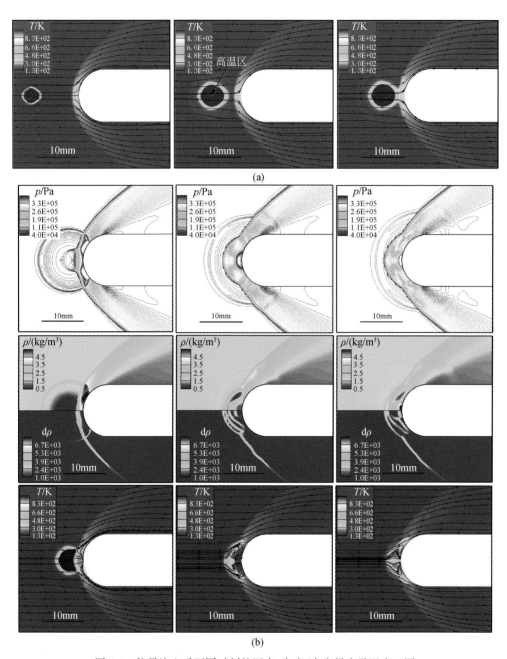

图 5-6　能量注入后不同时刻的压力、密度/密度梯度及温度云图

由图 5-6 不同时刻流场的压力、密度/密度梯度及温度云图可以看出：

（1）在 $t=1\mu s$ 时，能量注入点附近形成了高温高压低密度区，由于能量沉积点距离钝头体较远,因此并未对钝头体表面参数产生影响。

(2)在超声速气流的作用下,激波在向四周演化的同时向下游移动,在 $t=9\mu s$ 时,激波到达弓形激波表面,此时弓形激波仍保持原来的形状,从该时刻压力等值线图中还可以看出,能量沉积产生的激波相对于弓形激波为弱激波。

(3)由于激光引致的激波与弓形激波作用产生的透射波(压缩波)传向钝头体表面,因此钝头体表面压力开始上升,在 $t=12\mu s$ 时,钝头体表面压力继续升高(由于图中驻点附近压力较高,因此压缩波显示不明显),图5-7 给出了压力指示范围较大的压力等值线图(上图为 $t=12\mu s$ 时压力等值线,下图为无能量注入时钝头体表面压力分布),通过比较上下两幅图可以看出,$t=12\mu s$ 时压缩波达到壁面,增大了壁面压力。由密度和温度云图还可以看出,此时高温低密度区到达弓形激波表面。

(4)在 $t=15\mu s$ 时,由于高温低密度区与弓形激波作用,因此弓形激波发生变形;从流线图可以看出,流动发生反向,在驻点附近区域形成回流,因此钝头体表面的压力开始下降。

(5)$t=25\mu s$ 时,随着高温低密度区完全进入弓形激波内部,钝头体表面压力进一步下降,且在 $-45°\sim45°$ 压力下降明显;此时高温低密度区发生变形,由原来的球形变成月牙形,钝头体表面压力最低。

(6)随着流场的演化,高温低密度区开始远离弓形激波,被钝头体表面反射出去的压缩波再次返回钝头体表面,升高了驻点附近的压力,最终随着相互作用的结束,弓形激波恢复到无能量沉积时的状态。

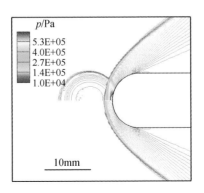

图5-7  $t=0\mu s$(下)和 $t=12\mu s$(上)时的压力等值线图

能量沉积后钝头体驻点($x=y=0$)相对压力在 $0\sim100\mu s$ 的变化曲线如图5-8 所示。从图中可以看出,在 $0\sim10\mu s$ 驻点压力是来流静压的8倍,此时驻点压力未受到激光能量注入的影响。在 $t=10\mu s$ 时,压力开始快速上升,相对压力达到极大值 12,随后开始下降。大约在 $t=12\mu s$ 时,相对压力较无能量沉积时减小,在 $t=27\mu s$ 时下降到最小值,此时压力基本与来流静压相同,随后压力有了第二次上升,当其再次达到最大值时开始下降,再次振荡后压力在 $t=60\mu s$ 时恢复到无能量沉积时的状态,驻点压力受影响的时间约为 $50\mu s$。

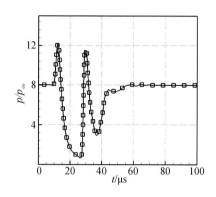

图 5-8　驻点压力随时间的变化曲线

图 5-9 给出了钝头体表面压力随时间变化的等值面图,图例表示相对压力。从图中可以看出,当能量沉积产生的激波到达弓形激波表面时,由激波与弓形激波作用产生的压缩波达到钝头体表面,升高了钝头体表面,特别是驻点附近的压力。随后低密度区到达弓形激波表面,产生膨胀波,因此表面压力开始下降,随着时间的演化,被钝头体反射的压缩波再次返回钝头体表面,压力又有短暂的升高,随着相互作用的结束,钝头体表面压力逐渐恢复。从图中还可以看出,钝头体前表面两侧(±50°以外)的压力几乎未受影响。

单脉冲激光能量作用后钝头体波阻随时间的变化曲线如图 5-10 所示。在无能量作用时,钝头体波阻约为 24N,当能量注入产生的激波达到弓形激波表面时,相互作用产生的压缩波向壁面移动,阻力升高,最高达到 31N,较原阻力增大了 7N;随后由于高温低密度区与弓形激波作用,产生稀疏波,稀疏波向壁面移动,降低了钝头体波阻,在 $t=25\mu s$ 时,阻力降到最低,只有约 8N,下降了约 16N;随着相互作用的减弱,阻力开始上升,在 $t=80\mu s$ 时,阻力基本恢复到原来的状态。由阻力变化曲线图可以看出,由于能量的注入,钝头体受到的阻力大大减小,减阻百分比约为 10.9%。

### 5.2.2　入射激光能量对减阻性能的影响

保持钝头体构形不变,入射的单脉冲能量 $E$ 的大小会对减阻性能产生影响。

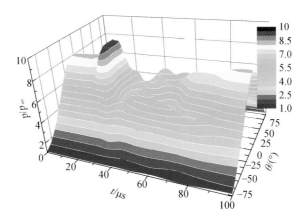

图 5-9　钝头体表面相对压力随时间的变化曲面

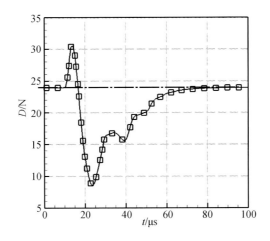

图 5-10　能量注入后阻力随时间的变化曲线

选取半径 $R=6\text{mm}$ 和 $R=10\text{mm}$ 两种尺寸钝头体,在 5 种不同的单脉冲能量($E=$ 50mJ、100mJ、150mJ、200J、250mJ)下进行数值模拟,以研究单脉冲能量对减阻百分比 $\eta$ 和能量效率 $S$ 的影响。

　　$R=6\text{mm}$ 时,5 种不同单脉冲能量作用下,钝头体受到的阻力随时间的变化曲线如图 5-11 所示。

　　由图可以看出,单脉冲能量 $E$ 对阻力曲线呈现的规律具有较大影响,影响规律如下:

　　(1)在单脉冲激光能量的作用下,激波与弓形激波相互作用产生的透射波到达钝头体表面时,表面压力上升,随着时间的演化,高温低密度区开始与弓形激波作

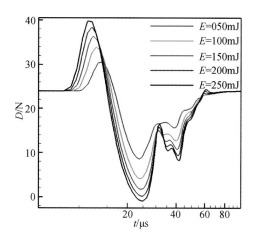

图 5-11　5 种不同单脉冲激光能量作用下阻力随时间的变化曲线

用,弓形激波发生形变并向流场上游移动,增大了激波的脱体距离,减小了钝头体表面压力。由图中曲线也可以看出,阻力开始下降。随着两者作用的结束,阻力开始振荡上升直至恢复到无能量作用时的状态。

(2)5 条阻力曲线的正向峰值时刻和大小均不相同。由于入射的 $E$ 不同,激波的传播速度也不同,$E$ 越大,激波传播速度越大,到达弓形激波表面所需的时间也就越少,因此阻力开始上升的时刻也就相对越早,阻力最大值时刻也越早。阻力最大值随 $E$ 的增加而单调增大,依次是 30.5N、33.9N、36.3N、38.3N 和 39.7N。因为在脉宽相等的条件下,$E$ 越大,产生的激波强度越大,与脱体激波作用产生的透射激波越强,所以作用在钝头体表面的阻力也就越强。能量注入后的阻力大于原阻力时间约持续了 7μs。

(3)5 条曲线在达到最大值后开始急剧下降,分别在 16.6μs、16μs、15.5μs、15.2μs 和 14.9μs 钝头体受到的阻力小于无能量作用时的阻力,该时刻随 $E$ 的增加依次提前;阻力最小值随着 $E$ 的增大而单调减小,但与能量的增加幅度不成比例。阻力减小的时间持续了 70μs 左右。

阻力的上述规律是由对波系结构的影响决定的。在 $E=50$mJ、150mJ 和 200mJ 作用下,钝头体在 $t=17$μs、25μs 和 35μs 时的压力等值线分布如图 5-12 所示。

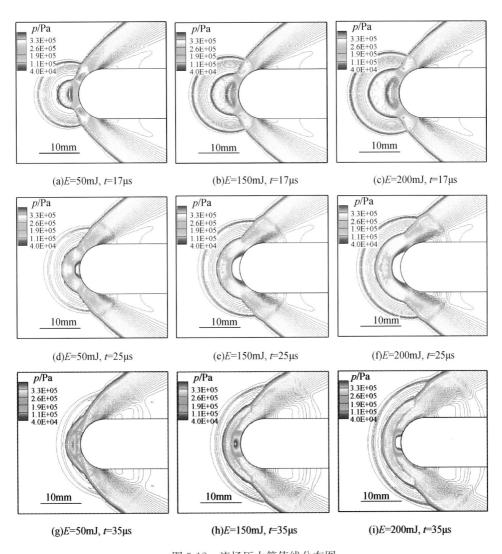

(a)$E$=50mJ, $t$=17μs          (b)$E$=150mJ, $t$=17μs          (c)$E$=200mJ, $t$=17μs

(d)$E$=50mJ, $t$=25μs          (e)$E$=150mJ, $t$=25μs          (f)$E$=200mJ, $t$=25μs

(g)$E$=50mJ, $t$=35μs          (h)$E$=150mJ, $t$=35μs          (i)$E$=200mJ, $t$=35μs

图 5-12  流场压力等值线分布图

由图 5-12 可知，入射单脉冲激光能量 $E$ 对钝头体表面的压力演化规律的影响如下：

（1）能量越大，激波传播的速度越快，对钝头体表面的压力影响范围越大。例如，在 $t$=17μs 时，单脉冲激光能量为 50mJ、150mJ 和 200mJ 时钝头体表面压力减小的范围分别为±30°、±45°和±50°，而且激波脱体距离随着能量的增大而增大。在 $t$=25μs 时，钝头体驻点附近形成一低压区，低压区尺寸随能量的增大而增大。从 50mJ 到 150mJ 最小压力减小了 23.7kPa，而从 150mJ 到 200mJ，最小压力仅下降了 4.5kPa。

（2）随着时间的演化，被钝头体反射的压缩波再次返回钝头体表面，增大了钝头体表面的压力，能量越大，压缩波返回的速度越快。压缩波的返回升高了钝头体表面的压力，对减阻产生不利的影响。

两种尺寸的钝头体减阻百分比 $\eta$ 和能量效率 $S$ 随激光能量 $E$ 的变化关系如图 5-13 所示（1 表示 $R=6$mm 的钝头体，2 表示 $R=10$mm 的钝头体）。可见，$E$ 对 $\eta$ 和 $S$ 的影响规律如下：

（1）每个模型的 $\eta$ 计算值随 $E$ 的增大而单调增加，但是随着 $E$ 的增大 $\eta$ 增加的速度减慢，对于 $R=6$mm 的钝头体，减阻百分比最大达到了 24%。如果继续增大能量，减阻百分比达到极大值后将基本保持不变。能量效率的变化趋势与减阻百分比刚好相反，随着能量的增加，能量效率减小，从图中可以看出，当 $E=300$mJ 时，模型 1 的能量效率已小于 1。

（2）钝头体尺寸越大，在相同的能量条件下，减阻百分比越小，模型 2 最大减阻百分比只有 14% 左右，约为模型 1 的一半；但是能量效率却随着模型尺寸的增大而增大，模型 2 能量效率最高为 5，模型 1 能量效率最高只有 3。在相同的能量下，尺寸越大，阻力的减小量越大，但是由于基准阻力随尺寸的增大成平方关系增大，因此在阻力减小量增大的前提下，减阻百分比却随尺寸的增大而减小。正是由于阻力减小量随尺寸的增大而增大，因此在其他参数相同的条件下，能量效率将随之升高。

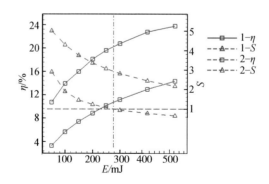

图 5-13　注入能量大小对减阻百分比和能量效率的影响

### 5.2.3　激光能量沉积形状对减阻性能的影响

前面都是假定激光能量的沉积形状为半径 $R=0.2$mm、长 $l=0.4$mm 的圆柱体，实际上，不同的圆柱体半径和长度也会对流场结构和减阻性能产生影响。在注入单脉冲能量保持不变的情况下,模拟中选取 $R=0.2\text{mm}$,$l$ 在 $0.4\sim12\text{mm}$ 变化,得到不同沉积模型下钝头体阻力的变化曲线如图 5-14 所示。由该图可知,$l$ 越大,能量沉积产生的激波到达弓形激波表面的时间越早,由于单脉冲能量相同,$l$ 越大沉积区域面积越大,功率密度相应的也就越小,产生的激波也就越弱,因此与弓形激波作用产生的压缩波引起的钝头体表面压力上升也相应减小,且 $l$ 越大阻力减小持续的时间越长。

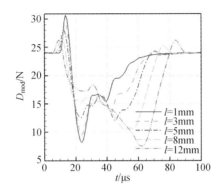

图 5-14  沉积区域形状对阻力的影响

下面以 $l=12\text{mm}$ 为例,分析流场的演化过程。不同时刻流场的压力云图如图 5-15 所示,从图中可以看出:

(1)在 $t=5\mu\text{s}$ 时,激波到达弓形激波表面,不同沉积区域尺寸下,能量沉积区域中心点保持不变,因此 $l$ 越长,产生的激波离钝头体表面的距离也就越小,到达钝头体表面所需的时间越短。

(2)大约在 $t=7\mu\text{s}$ 时,高温低密度区开始与弓形激波作用,弓形激波发生形变,此时由于之前激波与弓形激波作用产生的压缩波到达钝头体表面,因此钝头体表面的压力有所上升。

(3)随着时间的演化,在 $t=15\mu\text{s}$ 时激波脱体距离明显增大,为原脱体距离的 5 倍左右,钝头体表面压力特别是驻点附近区域(低密度区与弓形激波作用区域)明显下降。随着高温低密度区进入激波,脱体距离开始减小,但是随着时间演化,高温低密度区尺寸增加,特别是与来流垂直的方向尤为明显,因此使钝头体表面两侧的压力也开始下降。然而,由于能量相同,沉积区域尺寸增大,引起能量密度降低,从而使得激光空气锥的密度较高,与弓形激波相互作用的强度低,减阻能力低。

(4)在 $t=60\mu\text{s}$ 时,先到达弓形激波表面的高温低密度区已经开始向两侧移动,而此时后到达的高温低密度区继续与激波作用,使钝头体前表面压力整体下降,因此在

$t=60\mu s$ 时,钝头体阻力降到最低,这是与长宽比较小的沉积模型不同之处。

（5）随着相互作用的结束,钝头体表面压力逐渐恢复,最终恢复到无能量沉积时的状态。

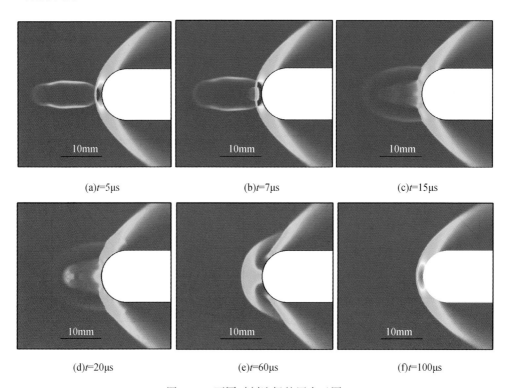

(a)$t=5\mu s$            (b)$t=7\mu s$            (c)$t=15\mu s$

(d)$t=20\mu s$            (e)$t=60\mu s$            (f)$t=100\mu s$

图 5-15　不同时刻流场的压力云图

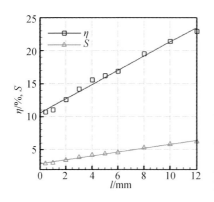

图 5-16　减阻性能参数随沉积区域
尺寸的变化曲线

减阻百分比和能量效率随 $l$ 的变化曲线如图 5-16 所示。从图中可以看出,减阻百分比和能量效率与 $l$ 呈线性关系增长。当沉积区域 $l=0.4mm$ 时,减阻百分比只有 10.9％,能量效率为 3,当沉积区域 $l=12mm$ 时,减阻百分比达到了 22％,能量效率为 6,相比 $l=0.4mm$ 时的减阻性能提高了一倍。由此可见,在单脉冲条件下能量沉积长宽比越大,对减阻性能参数越有利。该结论对激光的聚焦系统设计提供了参考依据。

## 5.3　高超声速条件下的单脉冲激光空气锥减阻特性

### 5.3.1　流场演化过程

以 5.1.2 节所述的钝头体尺寸和来流参数为计算条件,先采用求解流体力学方程组的方法得到无激光能量时的稳态流场,然后在上游距钝头体前缘 25mm 处注入 100mJ 的单脉冲能量,能量沉积方式采用 3.2.2 节所述的单脉冲模型,假定能量沉积区域在二维空间是半径为 1mm 的圆。能量注入后不同时刻钝头体表面的压力云图如图 5-17 所示。图 5-18 和图 5-19 分别为不同时刻钝头体表面压力和温度分布,两者随时间的发展趋势相近。结合图 5-17～图 5-19,下面对单脉冲激光能量降低钝头体压载和热载的作用机制和过程进行分析[6]。

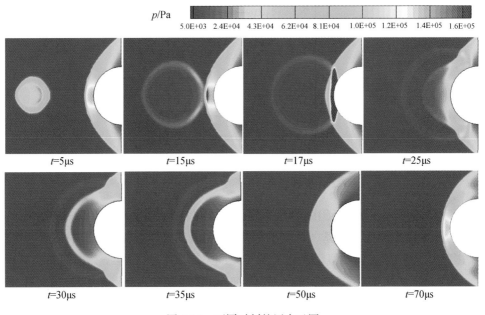

图 5-17　不同时刻的压力云图

第一阶段:激光能量注入至 $t=15\mu s$,激光引致的点爆炸波阵面向外扩张的同时随自由流向钝头移动,移动速度与自由流速度相当。钝头体表面压力和温度分布不受影响,驻点压力和温度分别为 $1.4\times10^5$Pa 和 600K。

第二阶段:激光引致的点爆炸波阵面与弓形激波相互作用。$t=15\mu s$ 时,激光引致的点爆炸波阵面到达弓形激波位置并与之相互作用,透射波压缩气流产生局部高温高压区。$t=17\mu s$ 时透射波到达钝头体表面,在钝头体 0°附近引起最高的压力和温度升高,压力和温度达到峰值。此后最先到达钝头体表面的透射波发生反射,在 0°附近形成膨胀波,引起局部压力和温度降低。透射波阵面在 0°附近之外的位置没有发生反射,而是向下游传播,引起所达到区域的局部升压升温,如 $t=25\mu s$ 时刻的钝头体表面压力和温度分布所示。$t=35\mu s$ 时,透射波阵面已经完全传播到钝头体下游,高温高压区域脱离钝头体表面,钝头体完全处于膨胀波区域,压力和温度值很低。

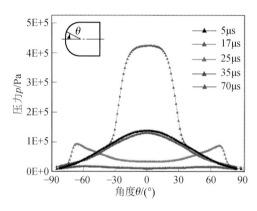 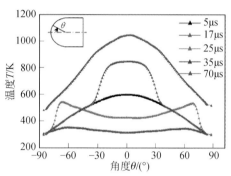

图 5-18 不同时刻钝头体表面的压力分布 　图 5-19 不同时刻钝头体表面的温度分布

第三阶段:随着激光能量作用的结束,流场逐渐向未施加激光能量时的状态恢复,如 $t=50\mu s$ 至 $t=70\mu s$ 的状态所示。值得注意的是,$t=70\mu s$ 时的温度是初始值的将近 2 倍,压力却与初始状态相当,这说明该时刻高温出现的原因并非激波压缩,而要归结于激光引致的点爆炸内的高温气团到达了钝头体表面位置,后面纹影照片中拍摄到的热湍流现象证明了该推测。

实验与计算结果的对比证明了上述分析的合理性,图 5-20 为计算得到的不同时刻流场密度梯度沿 $z$ 向的积分结果,图 5-21 为来流马赫数为 5 的激波风洞中的纹影实验结果。实验方法如第 4 章所述,其中来流条件、激光能量大小和沉积位置均与计算时的条件相一致。总体来看,纹影实验结果和计算结果吻合很好,激光引致的点爆炸波、点爆炸波与弓形激波相互作用产生的透射激波、透射波的反射和传播、湍流等结构都有明显呈现。

特别值得注意的是,在 $t=25\mu s$ 至 $t=50\mu s$ 之间,点爆炸波的上游部分、透射激波的反射波,以及点爆炸波区域内的弓形激波发生激波追赶,最终合并。在此期间,弓形激波因位于点爆炸波内部的高温低压低密度区而发生畸变,弓形激波后的

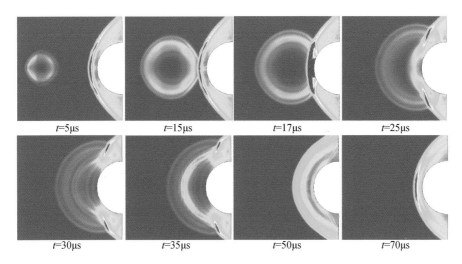

图 5-20 流场密度梯度沿 $z$ 向积分的计算结果

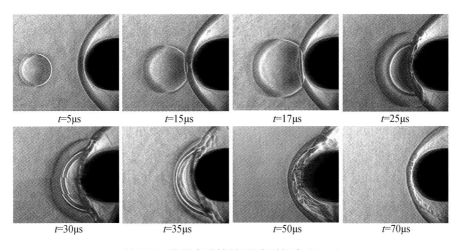

图 5-21 纹影实验结果(曝光时间为 500ns)

气流内能分布发生变化,高内能区域脱离钝头体表面,产生了透镜效应(lens effect)。$t=50\mu s$ 之后,激光能量对流场的作用趋于结束,复杂的波系结构演化为一个简单的弓形激波,流场由于点爆炸波内部高温气团的作用而呈现出热湍流状态,钝头体表面温度也出现较大幅度的升高。

### 5.3.2 减阻效果评估

为定量分析单脉冲激光能量注入降低钝头体压力的效果,这里绘制出钝头体表面驻点(0°位置)压力随时间的变化曲线,如图 5-22 所示。结合 5.3.1 节的计算结果和纹影照片,下面分为 3 个过程进行分析:

(1)$t=15\mu s$ 至 $t=40\mu s$,透射激波的形成和传播过程。在约 $15\mu s$ 时,激光引致的点爆炸波与弓形激波发生相互作用形成透射激波,并迅速到达钝头体表面,压力随之达到峰值,为 $4.26\times10^5 Pa$,是初始值的 3 倍。之后随着透射激波反射、膨胀波形成而迅速降低,在约 $40\mu s$ 时压力降至 3.8kPa,为初始值的 0.03 倍。

(2)$t=40\mu s$ 至 $t=55\mu s$,左半部分点爆炸波、反射激波和弓形激波的追赶和合并过程中,第二次形成透射激波,$t=44\mu s$ 时透射激波到达钝头体表面时带来第二个压力峰值,为 $2.5\times10^5 Pa$,是初始状态的 1.8 倍。之后透射激波反射,在 $t=55\mu s$ 时压力降至 $0.64\times10^5 Pa$,为初始状态的 0.46 倍。

(3)$t=55\mu s$ 以后,流场逐渐向初始状态恢复,并伴随着热湍流。该过程压力恢复到初始值附近,没有明显的峰值或谷值,可见激波作用已经结束。

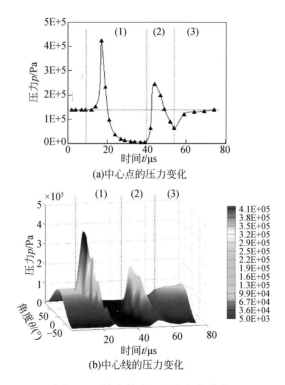

(a)中心点的压力变化

(b)中心线的压力变化

图 5-22　钝头体表面压力变化曲线

为考察降低钝头体压力的总体效果,将图 5-22(a)的曲线在 0 至 $80\mu s$ 内积分,未施加激光能量的压力用 $p_n$ 表示,将积分值对时间求平均便得到压力降低的平均

值。定义 $\eta_s$ 为单脉冲激光能量注入降低的压力效率,有

$$\eta_s(p) = \frac{\Delta p}{p_n} = \frac{\int (p_n - p)\mathrm{d}t}{t} \frac{1}{p_n} = 16.6\%  \tag{5-2}$$

因此,在本算例中,施加 100mJ 的单脉冲激光能量,钝头体表面驻点的压力将在 $80\mu s$ 之内降低 $16.6\%$。

实验选用的压电传感器原理是将压力的变化转化为电信号,测量得到的是压力的相对变化量。因此,为将实验得到的驻点位置压力变化曲线与数值计算结果相对比(图 5-23),将未施加激光能量时的钝头体表面驻点位置压力标准化为 1。

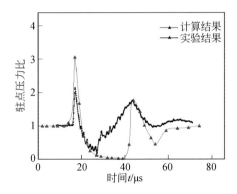

图 5-23　钝头体表面中心点压力变化的实验结果与计算结果对比

对比图 5-23 中两条曲线可知,实验结果的压力变化趋势与计算结果相似,也是从 $15\mu s$ 左右开始连续出现了两次峰值和谷值,之后压力逐渐恢复到初始状态。实验结果的第一个峰值压力是计算值的 0.71 倍,其原因是计算采用了理想气体模型,忽略了气体的离解等因素,导致激波作用下的压力计算结果偏高;两者的第一个谷值压力大小相同,实验结果提前了约 $10\mu s$;第二个峰值压力的实验值与计算值大小和出现时刻都相同;第二个谷值实验结果偏高,出现时刻相同。从总体上看,实验结果与计算结果虽然略有差异,但曲线走势和高低压值的出线时刻基本吻合,证明了前面对单脉冲激光与弓形激波作用机制分析的合理性。

## 参 考 文 献

[1]洪延姬,金星,李倩,等. 吸气式脉冲激光推进导论[M]. 北京:国防工业出版社,2012.

[2]方娟. 激光空气锥减小超声速飞行器波阻的方法研究[D]. 北京:装备学院博士学位论文,2012.

[3]王殿恺. 激光能量控制高超声速波系结构特性研究[D]. 北京:装备学院博士学位论

文,2013.

[4]Lobb R K. Experimental measurement of shock detachment distance on spheres fired in air at hypervelocities[J]. The High Temperature Aspects of Hypersonic Flow,1964：511-527.

[5]方娟,洪延姬,李倩. 单脉冲激光能量沉积对超声速钝头体波阻的影响[J]. 光电子·激光,2012,23(6):1057-1062.

[6]王殿恺,洪延姬,李倩. 激光能量沉积降低钝头体驻点压力机制分析[J]. 推进技术,2014,35(2):172-177.

# 第6章　连续激光空气锥减阻

超声速飞行器的激光空气锥减阻方法中,激光的入射方式分为单脉冲、连续、多脉冲三种,针对单脉冲激光减阻的机制在第5章进行了研究,为实现连续飞行,需要采取后两种激光注入方式。本章主要针对连续激光注入条件下各种参数对减阻性能的影响进行研究,以期发现相关规律。

## 6.1　不同激光功率下的减阻特性

### 6.1.1　钝头体尺寸固定时激光功率对减阻性能的影响

在影响激光空气锥减阻性能的众多因素中,影响最大的是注入的激光功率,该参数直接决定了能量注入后所产生的爆轰波的强度及其演化过程。

本节中采用的钝头体模型是半径 $R=5$cm 的半球体和半径 $R=10$cm 的圆柱体的组合,假设钝头体处于 30km 的高空,此时空气密度为 $1.841\times10^{-2}$kg/m$^3$,外部压强为 $1.197\times10^3$Pa,当地声速为 301.71m/s,来流马赫数 $Ma=6.5$,雷诺数为 $2.447\times10^6$。能量沉积区域中心距离钝头体前缘为两倍钝头体半径,即 $2R$。能量沉积区域为一圆柱体,长为 $0.2R$,底面半径为 $0.05R$,在本章后面的计算中,能量沉积区域都为此形状。注入激光功率分别为 1kW、2kW、5kW、10kW、20kW、50kW,均为连续注入模式[1]。

当没有能量注入时,钝头体前部半球表面会形成强烈的弓形脱体激波,如图 6-1 所示。为得到稳态流场,使钝头体受到的阻力稳定,计算一直持续到阻力相对稳定为止。定常条件下,钝头体表面受到的稳态阻力约为 $D_{ref}=247.17$N,为基准阻力。弓形激波距离钝头体表面约 0.0075m。此时,钝头体表面的最高压力处为其驻点处,压力约为 $6.50\times10^4$Pa,为环境压力的 54 倍左右。

钝头体周围形成稳定的流场以后,开始向钝头体前缘来流方向注入激光能量。在计算中,先计算得到未施加激光能量时的定常流场状态,而后持续注入激光能量。当有能量注入时,钝头体表面的压力与没有能量注入时相比,有明显下降,而钝头体受到的波阻也相应减小,减小的幅度与注入功率有关。

不同注入功率的条件下,计算得到的钝头体表面受到的阻力 $D_{mod}$、无量纲阻力

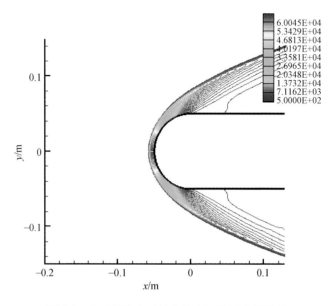

图 6-1　无能量注入时钝头体表面的压力等值线

$R_D$ 和能量效率 $S$ 如表 6-1 所示。

表 6-1　不同注入功率对应的减阻性能参数比较

| $P/\text{kW}$ | $D_{\text{mod}}/\text{N}$ | $R_D$ | $S$ |
|---|---|---|---|
| 0 | 247.17 | — | — |
| 1 | 207.94 | 0.841 | 76.93 |
| 2 | 202.80 | 0.820 | 43.51 |
| 5 | 188.70 | 0.763 | 22.93 |
| 10 | 153.71 | 0.622 | 18.33 |
| 20 | 102.66 | 0.415 | 14.17 |
| 50 | 67.90 | 0.275 | 7.03 |

当注入功率增大时,钝头体受到的阻力逐渐减小。当注入功率为 50kW 时,钝头体受到的阻力只有 67.9N。当注入功率为 1kW 时,减小了将近 40N 的阻力;而从 1kW 增加到 2kW 时,只减小了 5N 的阻力;功率继续增加到 5kW 时,阻力比 2kW 时减小了 14N 左右,平均每千瓦减小了 5N,随后都稳定在每千瓦 5N 左右。到最后功率增加到 50kW 时,相比 20kW 时钝头体受到的阻力,平均每千瓦只减小

了 1.15N。图 6-2 给出了在不同的注入功率条件下,钝头体的无量纲阻力 $R_D$、能量效率 $S$ 与激光功率 $P$ 之间的关系。

由图 6-2 可以看出,随着注入功率的增大,钝头体受到的无量纲阻力逐渐减小,当注入功率大于 20kW 时,阻力减小的趋势逐渐趋于平稳。当注入功率从 1kW 增加到 10kW 时,能量效率迅速减小,当注入功率大于 10kW 时,能量效率减小的趋势趋于平缓。随着注入功率的增加,平均每千瓦减小的阻力减小,当注入功率为 50kW 时,能量的效率已经很低。因此,要有较高的能量效率,需要注入较小的功率,但是,当入射激光的功率太小时,钝头体减小的阻力很少[2]。

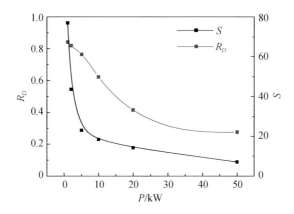

图 6-2　$R_D$、$S$ 随 $P$ 的变化曲线

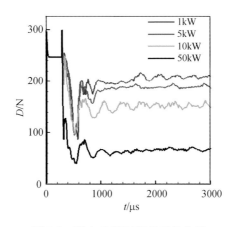

图 6-3　阻力 $D$ 随时间的变化曲线

不同注入功率下,钝头体受到的阻力随时间变化的曲线如图 6-3 所示。无激光注入时,钝头体受到的阻力保持平稳(1～250μs),当有能量注入后,钝头体会先

受到一个脉冲的逆向推力影响,阻力先增加,然后迅速减小。阻力减小的速度与注入功率有关,当注入功率较大时(50kW),钝头体受到的阻力几乎直线下降;当注入功率较小时,阻力下降得稍微缓慢(1kW)。当注入功率较小时,阻力在达到一个最小值以后,又会恢复到一个较高的水平。例如,当注入功率为 1kW 时,钝头体在 577$\mu$s 左右受到的阻力最小,约为 87.0N,随后又恢复到 207.9N 左右的水平。当功率为 50kW 时,阻力则一直下降,在 557$\mu$s 附近受到的阻力最小,为 39.7N,但随后一直稳定在 67.9N 左右的水平上。因此,如果注入功率较小,那么只可以得到瞬时的最小阻力,但不足以维持较高的减阻效果。

当注入功率为 5kW 时,钝头体周围流场演化过程如图 6-4 所示。在激光能量注入区域,传出激光维持的爆轰波(图 6-4(a))。当爆轰波传到钝头体前部时,爆轰波透过弓形激波表面,对钝头体有一个逆向的推力,使得钝头体受到的阻力突然上升。随后,爆轰波内的高温低密度区对钝头体表面弓形激波的影响,使得钝头体驻点的压力减小,弓形激波顶部向前移动,直至弓形激波结构被完全破坏(图 6-4(b))。从图 6-4(b)中还可以看出,爆轰波在钝头体表面膨胀开时和弓形激波相互作用,在钝头体表面形成高压区。最后,钝头体周围的流场逐渐稳定,形成类似斜激波的结构(图 6-4(c))。

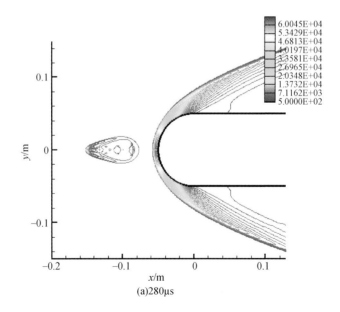

(a)280$\mu$s

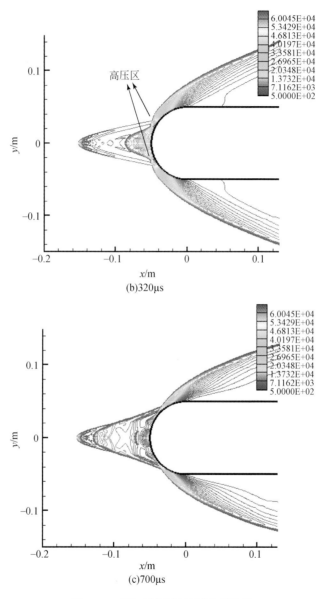

(b)320μs

(c)700μs

图 6-4 不同时刻流场的压力等值线

图 6-5 给出了注入功率不同时的稳态流场。激光能量沉积区域类似于在高超声速来流中空气锥的形状。激光维持的爆轰波所产生的高温低密度区使得弓形激波的前缘向前移动,变成斜激波(主激波)。在斜激波内部建立起类似三角形的前分离区,其顶点位于能量沉积区域后部。离斜激波面较远的来流方向被改变,但

是,离斜激波面较近的来流仍然会穿过斜激波,进入分离区,并且与钝头体两侧作用,在斜激波内形成了第二道激波(次激波)。当注入功率增加时,主激波增强,前分离区增大,次激波减弱。这是当注入功率增加时,钝头体受到的阻力减小的原因。

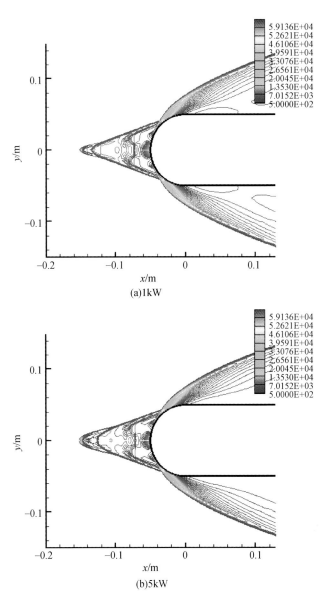

(a)1kW

(b)5kW

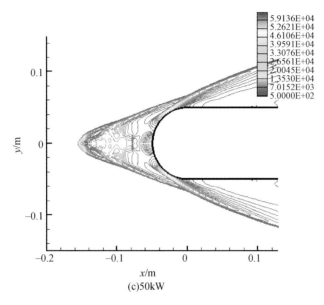

(c)50kW

图 6-5　不同激光注入功率下稳态流场的压力等值线

不同功率注入条件下对称轴和钝头体表面压力和温度如图 6-6 所示。

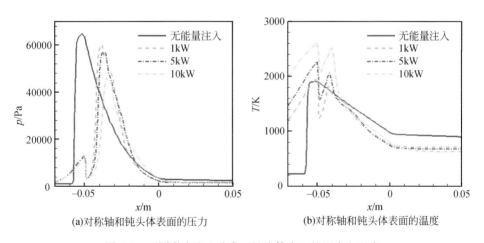

(a)对称轴和钝头体表面的压力　　(b)对称轴和钝头体表面的温度

图 6-6　不同激光注入功率下钝头体表面的压力和温度

当有激光能量注入时,钝头体表面的高压区向半球后部移动,表面驻点压力明显降低,从大于 60kPa 减小到 10kPa 附近。钝头体半球表面的最高压力随注入功率的增加而减小。在钝头体尾部,注入功率对表面压力影响不大。钝头体表面温度存在两个峰值,一个峰值为钝头体表面驻点温度,比没有能量注入时温度要高,最高温度随注入功率的增加而提高；还有一个峰值是钝头体表面的压力最高处。但是，当过了钝头体表面压力最高的位置时，温度开始迅速下降，并低于初始状态的温度。

Myrabo 小组在文献[3]中给出当产生激光维持的爆轰波半径一定时最优激光功率的理论计算公式

$$P = 2(\gamma + 1)\alpha^{-4} pc_0 r^2 Ma \tag{6-1}$$

式中，$\gamma$ 为比热容比；$\alpha$ 为数值参数，当 $\gamma$ 取 4/3 时，$\alpha$ 为 0.94；$p$ 为环境气体压力；$c_0$ 为当地声速；$r$ 为爆轰波半径；$Ma$ 为来流马赫数。从图 6-4 中看出，当爆轰波传播到钝头体表面时，半径约为 0.035m，由式(6-1)计算得到理论的最佳激光功率应为约 15kW。由图 6-2 可以看出，当激光注入功率为 15kW 时，有比较小的无量纲阻力，同时还能保持 15 左右的能量效率。

## 6.1.2　不同钝头体尺寸下激光功率对减阻性能的影响

为研究不同激光功率的等离子体减阻效果与钝头体尺寸之间的关系，空气击穿位置与钝头体的距离按照钝头体尺寸倍数变化，即空气击穿位置到钝头体表面的距离与钝头体半径的比值不变。计算采用的钝头体模型在尺寸上按照 6.1.1 节中钝头体的模型成比例缩放，其半径分别为 2.5cm、5cm、10cm、20cm 和 40cm。所注入的激光功率分别为 1kW、2kW、5kW、10kW、20kW 和 50kW。

研究过程中，击穿空气的位置始终位于钝头体前方距离表面驻点 2R 处，激光能量持续注入。在没有能量沉积时，钝头体处于无能量沉积的来流中，此时，钝头体受到的阻力为基准阻力。与前面相同，当钝头体受到的阻力及钝头体周围流场稳定以后，开始向钝头体前缘来流中注入激光能量。

不同模型尺寸与不同功率对应的减阻效果如表 6-2 所示。

表 6-2　不同注入功率下不同尺寸钝头体受到的阻力

| 注入功率/kW　阻力/N　半径/cm | 无能量 | 1 | 2 | 5 | 10 | 20 | 50 |
|---|---|---|---|---|---|---|---|
| 2.5 | 61 | 48 | 42 | 25 | 18 | 16 | 14 |
| 5 | 247 | 207 | 202 | 188 | 153 | 102 | 67 |
| 10 | 987 | 866 | 822 | 816 | 794 | 751 | 535 |
| 20 | 3947 | 3656 | 3784 | 3421 | 3306 | 3294 | 3138 |
| 40 | 15798 | 15193 | 14791 | 14522 | 14677 | 12906 | 12498 |

从表中可以看出,在 $R=2.5cm$ 时,钝头体所受到的阻力先随注入功率的增加迅速下降,而当能量达到 10kW 以上时,阻力的减小则变得极为缓慢,从 10kW 增加到 50kW 时,平均每 10kW 功率才减小 1N 的阻力。而在 $R=40cm$ 时,注入功率为 50kW 时,阻力才降到参考阻力的 80%,如图 6-7 所示。

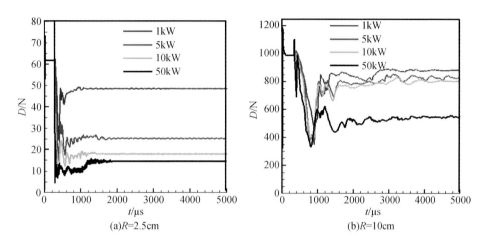

图 6-7　不同注入功率下不同半径钝头体的阻力变化曲线

由图 6-7 可以看出,当钝头体尺寸逐渐增大时,不仅仅是钝头体受到的阻力增加,注入相同功率的条件下,钝头体阻力改变的幅度减小,而且钝头体受到的阻力振荡也越来越大。比较相同钝头体尺寸下不同注入功率下的阻力可以发现,增大注入功率能够使钝头体受到的阻力逐渐稳定。从钝头体受到的阻力变化情况来看,注入能量存在饱和的情况。例如,在钝头体半径为 2.5cm 时,当激光功率从 20kW 增加到 50kW 时,阻力减小得并不多,此时,认为注入能量接近饱和。而在钝头体半径为 20cm 时,由于改变钝头体前部的弓形激波需要更大的能量,因此 50kW 已经不足以使钝头体受到的阻力降低到一个较小的水平上。钝头体受到的无量纲阻力如图 6-8 所示。

由图 6-8 可以看出,当钝头体尺寸较小时,50kW 的功率与 20kW 的功率在改变钝头体受到的无量纲阻力方面已经区别不大,此时,大的注入功率将使得能量效率降低。当钝头体尺寸较大时,无量纲阻力几乎是线性下降,这表明在来流方向注入能量的功率还不足以使钝头体受到的阻力达到能够达到的最小阻力,需要继续增加功率,钝头体所受到的阻力将会持续减小,直至饱和。

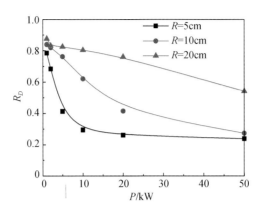

图 6-8　不同注入功率下不同半径钝头体受到的无量纲阻力

　　当钝头体受到的阻力很大时,小的注入功率所产生的爆轰波相对钝头体表面的弓形激波来说要弱得多,因此对钝头体表面受到阻力的改变较小。在注入功率为 1kW 的情况下,当周围流场稳定以后,比较不同半径的钝头体周围的流场情况,如图 6-9 所示。从中可以发现,钝头体前部激波的强度随着钝头体的增大而增大。

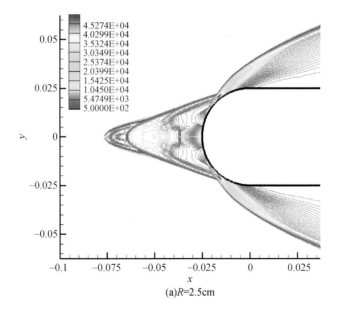

(a)$R$=2.5cm

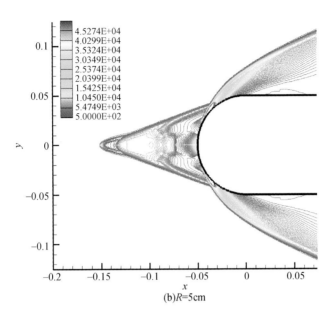

(b)$R$=5cm

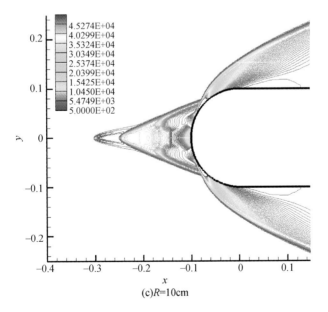

(c)$R$=10cm

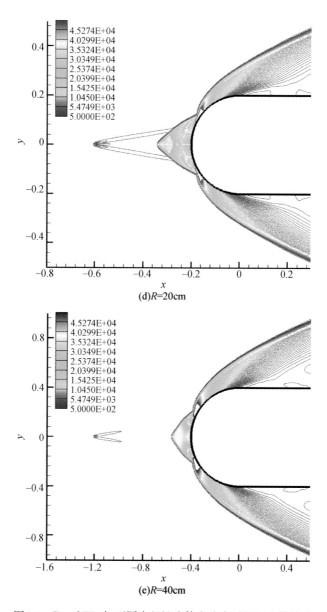

(d)$R$=20cm

(e)$R$=40cm

图6-9　$P$=1kW 时,不同半径钝头体在稳态时的压力等值线

激光能量在钝头体前缘来流中沉积,产生激光维持的爆轰波。由于在半径2.5cm 的模型中发生击穿的位置距离钝头体表面较近,因此爆轰波很快传播到钝头体表面,并且当传播到表面时,爆轰波的衰减并不大。这样,爆轰波对钝头体表面弓形激波的影响比较大。爆轰波膨胀形成的高温低密度区域对钝头体表面的弓

形激波顶部有一个向前拉的作用,使得弓形激波顶部朝能量沉积区域移动,形成类似斜激波的结构。

当钝头体尺寸逐渐增加时,能量沉积区域距离钝头体表面的距离越来越远,可以看出,爆轰波对弓形激波的影响越来越小。当从能量沉积区域传出的爆轰波传播到钝头体表面的弓形激波时,由于距离的关系能量越来越小,相对于钝头体表面强烈的弓形激波,其能量已经不足以使弓形激波顶部移动到能量沉积区域附近。从图中可以看出,当钝头体尺寸从小到大变化时,传播到钝头体表面弓形激波处的爆轰波越来越弱,当钝头体半径为40cm时,爆轰波与周围空气在图中的分辨率已经难以分辨;由于钝头体表面的弓形激波强度的增大,爆轰波所产生的高温低密度区对弓形激波结构的改变逐渐减小,弓形激波顶部与钝头体表面距离同钝头体半径的比值随钝头体尺寸的增加而越来越小。此时,沉积在钝头体前部来流的能量已经不足以使钝头体表面的阻力发生大的变化。

当钝头体前缘半球半径为20cm时,钝头体周围流场压力等值线如图6-10所示。

当钝头体半径不变、前部流场中沉积能量逐渐增加时,可以看出钝头体表面弓形激波变化明显。当注入能量较小(1kW)时,能量沉积区域传出的激光维持的爆轰波传播到钝头体表面时已经很微弱,弓形激波结构改变较小。钝头体前部压力

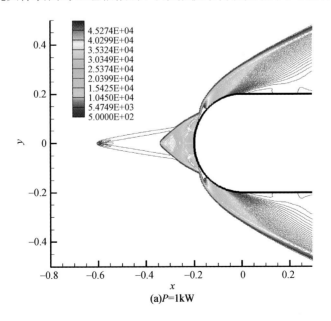

(a)$P$=1kW

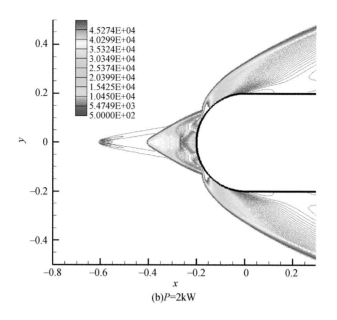

(b)$P$=2kW

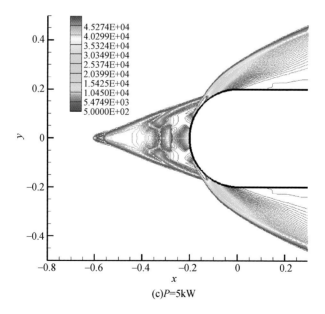

(c)$P$=5kW

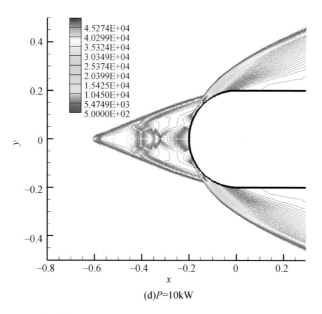

(d)$P$=10kW

图 6-10　钝头体半径为 20cm 时,不同功率下钝头体周围的压力等值线

虽然有所减小,但还是远高于环境气体压力。随着能量的增加,弓形激波的顶部逐渐向前部移动,当沉积能量增加到 10kW 时,弓形激波结构被完全破坏,形成斜激波。钝头体表面高压区位于钝头体前缘的两侧,前缘正前方的压力较低,在量级上已经是环境压力的量级。

比较不同注入功率情况下钝头体表面驻点的温度变化情况,如图 6-11 所示。

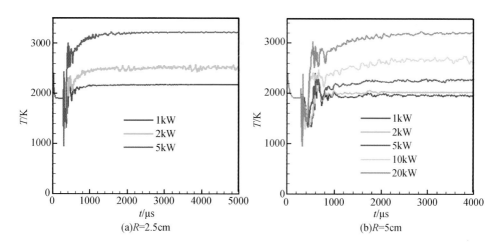

(a)$R$=2.5cm　　　　　　　　　　(b)$R$=5cm

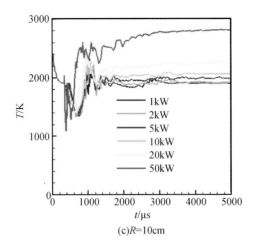

(c)$R$=10cm

图 6-11　不同尺寸钝头体表面驻点温度随时间的变化曲线

当钝头体表面形成稳定的弓形激波时,表面驻点温度在 1900K 左右。注入激光以后,钝头体的温度先有一个下降,然后开始上升。上升的幅度与钝头体的尺寸及能量的大小有关。当钝头体尺寸为 5cm、注入功率为 1kW 时,上升幅度很小;注入能量逐渐增加时,稳定后的温度也逐渐上升;当注入功率为 20kW 时,稳定时的温度上升到 3200K 左右,而当注入能量为 50kW 时,稳定时的温度已经到了 5000K 以上。钝头体尺寸为 10cm 时,钝头体表面驻点温度随功率上升相对较缓慢。因此,对于一定尺寸的钝头体,并非注入功率越大越好。注入功率过大不仅使得能量效率变低,而且使得钝头体表面的温度急剧升高,从而对飞行器材料的热防护带来极大挑战。

## 6.2　不同能量沉积位置下的减阻特性

### 6.2.1　钝头体尺寸一定时能量沉积位置对减阻性能的影响

能量沉积区域位置与钝头体表面的距离对钝头体的减阻性能具有非常大的影响。在合适的能量沉积位置,能以最少的注入能量获得最好的减阻效果。

计算所采用的钝头体模型与外部环境气体参数都与 6.1 节相同,钝头体半径为 5cm,飞行在 30km 高空,来流马赫数为 6.5。在本节中,设定注入的激光功率为 10kW,注入能量位置到钝头体表面距离为 $L$,钝头体半径为 $R$,注入能量位置 $L/R$ 分别为 2、3、4、5、6、7。

钝头体表面受到的阻力随时间变化曲线如图 6-12 所示。

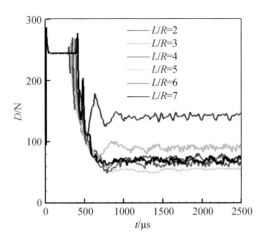

图 6-12　不同能量沉积位置下阻力随时间的变化曲线

从图中可以看出,随着能量注入位置与钝头体表面距离越来越远,钝头体表面阻力开始下降的时间也逐渐往后推移。当能量注入位置 $L/R$ 从 2 到 5 逐渐增加时,钝头体阻力单调减小;当 $L/R$ 从 5 到 7 增加时,钝头体阻力增大。当 $L/R$ 的值为 4～7 时,钝头体表面受到的阻力相差不大,但是,在 $L/R=5$ 附近,存在阻力的极小值。

不同能量注入位置得到的稳态时的周围流场压力等值线如图 6-13 所示。

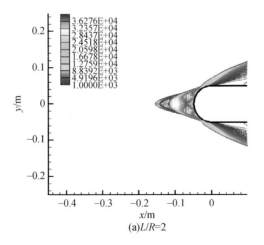

(a) $L/R=2$

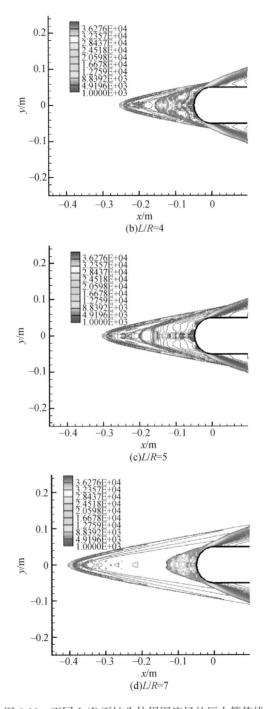

(b)$L/R$=4

(c)$L/R$=5

(d)$L/R$=7

图 6-13　不同 $L/R$ 下钝头体周围流场的压力等值线

　　能量注入位置不同时,斜激波顶部与钝头体表面的距离并不相等。从钝头体周围流场的压力等值线可以看出,当 $L/R$ 的值为 5 时,钝头体前斜激波顶部到钝头体的距离最大,钝头体表面的压力最小。当 $L/R$ 的值从 2 到 5 逐渐增大时,钝头体前部激波的顶部到钝头体表面的距离越来越远,从 $L/R=2$ 时的 5cm 到 $L/R=5$ 时的 15cm;而随着 $L/R$ 的值继续增大,激波到钝头体表面的距离又逐渐变小。当 $L/R=7$ 时,激波顶部到钝头体表面的距离不到 10cm。从压力等值线图中也可以看出,随着钝头体前部激波顶部距离钝头体表面越来越远,钝头体表面的压力逐渐变小。因此,当 $L/R=5$ 时,同样的注入能量能够减小最多的阻力。

　　不同 $L/R$ 时,钝头体表面驻点的温度曲线如图 6-14 所示。

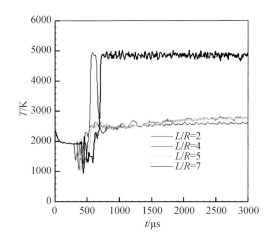

图 6-14　不同 $L/R$ 下钝头体表面驻点温度变化曲线

　　从图中可以看出,钝头体表面温度随着能量注入位置的不同而呈现出明显的变化。当能量注入位置距离钝头体表面 $L/R=2$ 时,钝头体表面驻点的温度先急剧增大到 5000K 左右,而后减小到 2500K 左右。当 $L/R=4$ 与 $L/R=5$ 时,钝头体表面驻点温度在能量沉积后则一直保持在 2500K 附近。当能量注入位置距离钝头体表面更远时,如 $L/R=7$ 时,钝头体表面的温度则一直维持在 5000K 左右。

　　不同时刻流场的压力、密度和温度等值线如图 6-15 所示(图中:第 1 列为压力 $p$,单位为 Pa;第 2 列为密度 $\rho$,单位为 kg/m³;第 3 列为温度 $T$,单位为 K)。

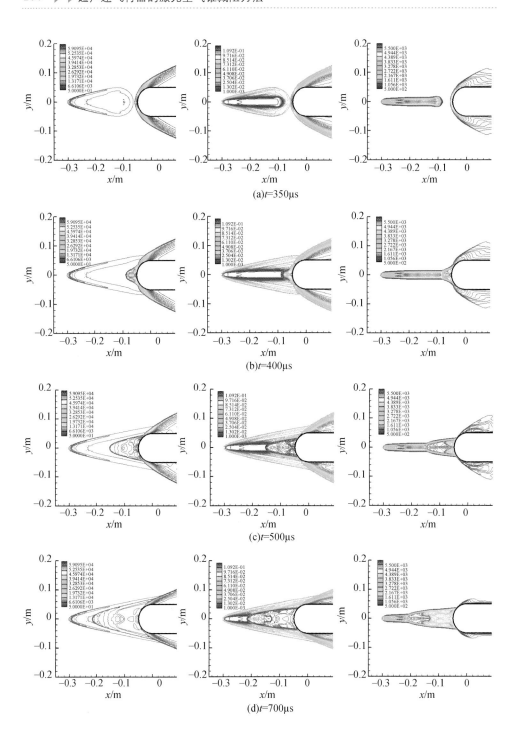

(a)$t$=350μs

(b)$t$=400μs

(c)$t$=500μs

(d)$t$=700μs

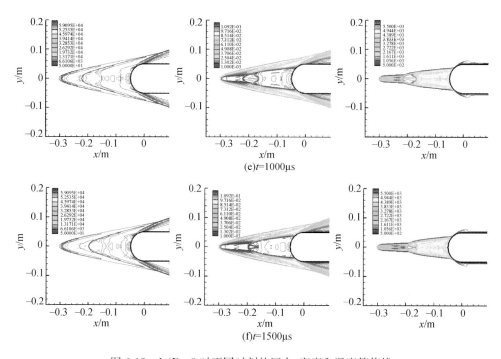

图 6-15　$L/R=5$ 时不同时刻的压力、密度和温度等值线

## 6.2.2　不同钝头体尺寸下能量沉积位置对减阻性能的影响

本节将研究不同钝头体半径条件下，改变能量沉积位置，计算钝头体受到阻力。注入功率仍然为 10kW，钝头体前部半球半径分别为 0.025m、0.05m、0.1m、0.2m，能量沉积位置 $L/R$ 分别为 2、3、4、5、6、7。

没有能量注入与能量在不同位置注入时钝头体受到的阻力如表 6-3 所示。

表 6-3　不同条件下钝头体受到的阻力

| 钝头体半径/m | 阻力/N | | | | | | |
|---|---|---|---|---|---|---|---|
| | 无能量注入 | $L/R=2$ | $L/R=3$ | $L/R=4$ | $L/R=5$ | $L/R=6$ | $L/R=7$ |
| 0.025 | 61 | 15 | 11 | 9 | 7 | 9 | 8 |
| 0.05 | 245 | 142 | 90 | 73 | 55 | 66 | 69 |
| 0.1 | 980 | 803 | 730 | 602 | 661 | 722 | 743 |
| 0.2 | 3921 | 3649 | 3655 | 3413 | 3447 | 3656 | 3671 |

不同半径的钝头体所受到的无量纲阻力及其拟合曲线如图 6-16 所示。

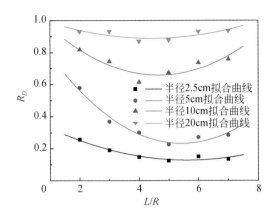

图 6-16　不同半径钝头体对应的无量纲阻力随能量沉积位置的变化

由图 6-16 可以看出,当能量沉积位置位于 4 倍半径到 6 倍半径之间时,能够获得较好的减阻效果;当钝头体半径为 5cm 时,能量沉积位置的变化对改变钝头体受到阻力的效果最为明显,此时最佳的能量沉积位置位于 $L/R=5$ 处,受到的无量纲阻力约为 $L/R=2$ 时钝头体受到的无量纲阻力的一半。在注入功率不变的情况下,随着钝头体半径的增大,钝头体受到的阻力的变化范围先增大后减小,在 $R=5\text{cm}$ 时阻力的变化范围最大,而在 $R=2.5\text{cm}$ 与 $R=20\text{cm}$ 时阻力变化范围变小。当钝头体的半径逐渐增大时,使其受到最小阻力的能量注入位置逐渐向靠近钝头体的方向移动:当钝头体半径为 2.5cm、5cm 时,最佳能量沉积位置靠近 $L/R=5$ 处,当钝头体半径继续增加到 10cm、20cm 时,最佳能量沉积位置向 $L/R=4$ 处移动。

在不同的能量沉积位置,由于与钝头体的距离不同,爆轰波的传播与发展也不同。当能量沉积区域距离钝头体较近时,激光引致的爆轰波未经过充分膨胀,此时的高温低密度区不足以使得钝头体前部的弓形激波顶部向来流方向移动更多,弓形激波结构被破坏后形成的斜激波顶部距离钝头体不太远,因此,钝头体受到的阻力较大。

不同能量沉积位置对应的流场压力等值线如图 6-17 所示(图中:第 1 列为 $L/R=4$;第 2 列为 $L/R=5$;第 3 列为 $L/R=6$)。当能量沉积区域到钝头体的距离适中时,爆轰波得到充分膨胀,能够较大程度地改变激波结构,使得改变后斜激波的顶部到钝头体的距离最大,此时,钝头体表面的压力最小,钝头体受到的阻力最小;当能量沉积区域继续远离钝头体时,由于距离的关系,当爆轰波传播到钝头体表面时,强度有所减弱,对钝头体表面弓形激波的影响程度降低。此结论可以由流场中的压力等值线看出。

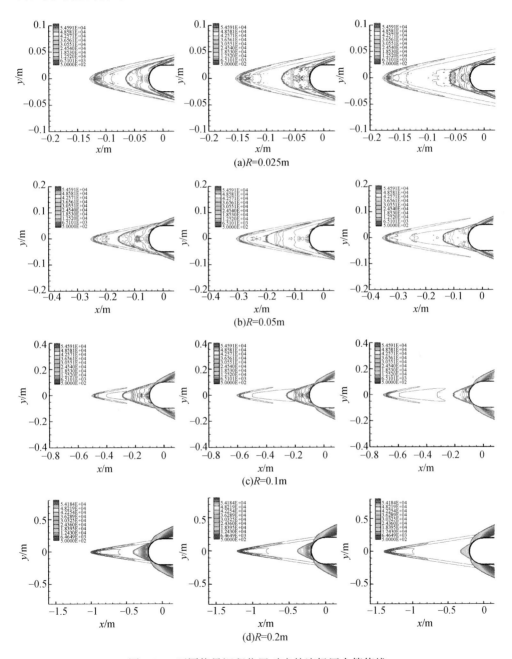

图 6-17　不同能量沉积位置对应的流场压力等值线

根据不同钝头体尺寸所对应的流场压力等值线,结合计算得到的不同半径钝头体无量纲阻力,可以看出钝头体前部斜激波顶部到钝头体表面驻点的距离与钝头体所受到的阻力之间的关系。当钝头体半径为 0.025m、$L/R=5$ 时,钝头体前部的次激波到钝头体表面的距离最大,钝头体受到的阻力最小;当 $L/R=4$ 时,钝头体前部的次激波到钝头体表面的距离较大,受到的阻力次之;当 $L/R=6$ 时,钝头体前部的次激波到钝头体表面的距离在三者中最小,受到的阻力最大。对比其他组的情况,同样可以得到相似的结论:当钝头体半径为 0.05m、$L/R=5$ 时,次激波到钝头体表面的距离最大,钝头体受到的阻力最小,当 $L/R=4$ 时次之,$L/R=6$ 时,钝头体受到的阻力较大;当钝头体半径为 0.1m、$L/R=4$ 时,次激波与钝头体之间的距离最大,因此受到的阻力最小,而随着能量沉积位置继续向来流上游移动,次激波与钝头体之间的距离越来越近,因此,钝头体受到的阻力也越来越大;当钝头体半径为 0.2m 时,次激波与钝头体之间的距离同钝头体受到的阻力的关系和钝头体半径为 0.1m 时相似:当 $L/R=4$ 时受到的阻力最小,随着能量沉积位置继续向来流上游移动,次激波与钝头体之间的距离越来越近,钝头体受到的阻力越来越大。当钝头体半径为 0.05m 时,次激波到钝头体表面的距离变化最大,因此在计算得到的不同能量沉积位置对钝头体受到阻力的影响中,效果最为明显。

综上可知,在合适的注入功率条件下,当激光注入位置在 $L/R=5$ 附近时,能获得最好的减阻效果,能量注入位置与钝头体的距离太远或者太近,都会对减阻效果产生消极影响。

## 6.3  不同来流马赫数下的减阻特性

6.1 和 6.2 节针对与激光相关的参数变化对减阻性能的影响进行了研究和探索,6.3 和 6.4 节所关注的影响参数是外部环境参数,本节主要探讨飞行器的飞行马赫数和飞行高度两种参数。

### 6.3.1  来流马赫数对减阻性能的影响

当飞行器在同一高度以不同的速度飞行时,受到的阻力与飞行马赫数有关。计算中可以将飞行器的飞行马赫数转化为来流气体的马赫数。简单来说就是,原本是来流气体不动,飞行器以一定的速度在气体中飞行,但为计算简便,一般假定飞行器不动,来流以飞行器飞行的速度向着飞行器运动。

下面研究钝头体半径一定时,激光空气锥在不同来流马赫数下的减阻效果。

假设钝头体飞行在 30km 高空,此时,外部压强为 $1.197 \times 10^3$ Pa,温度为 $2.265 \times 10^2$ K,密度为 $1.841 \times 10^{-2}$ kg/m³,马赫数 $Ma$ 分别为 5、5.5、6、6.5、7、7.5、8、8.5、9、9.5、10。注入功率为 10kW[4]。

当没有激光能量注入时,不同来流马赫数下钝头体受到的阻力随着来流马赫数的增大而迅速增大。在有激光能量注入时,随着来流马赫数的增大,钝头体受到的阻力也在增大,但是与无能量注入时相比较,钝头体受到的阻力必然是减小的。在注入功率为 10kW 的条件下,当来流马赫数为 7、8 左右时,阻力减小得最多,约为 200N。当来流马赫数为 5 时,减小的阻力约为 114N;当来流马赫数为 10 时,减小的阻力约为 160N。

在不同的来流马赫数下,钝头体受到的阻力如表 6-4 所示。

表 6-4　不同来流马赫数下的 $D_{ref}$ 和 $D_{mod}$

| 马赫数 | 5 | 5.5 | 6 | 6.5 | 7 | 7.5 |
|---|---|---|---|---|---|---|
| $D_{ref}$/N | 144.67 | 173.67 | 207.26 | 241.75 | 283.43 | 328.88 |
| $D_{mod}$/N | 30.33 | 33.44 | 45.36 | 55.47 | 83.14 | 143.41 |
| 马赫数 | 8 | 8.5 | 9 | 9.5 | 10 | — |
| $D_{ref}$/N | 376.28 | 426.38 | 476.86 | 532.11 | 593.33 | — |
| $D_{mod}$/N | 177.41 | 243.93 | 315.36 | 384.95 | 463.59 | — |

当有能量注入时,能量效率与钝头体受到的无量纲阻力如图 6-18 所示。

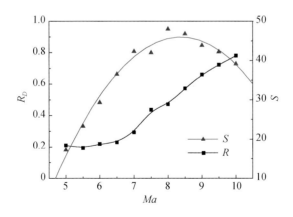

图 6-18　不同马赫数下的无量纲阻力与能量效率

从图中可以看出,注入功率为 10kW 的条件下,不同来流马赫数与无量纲阻力的关系近似于一条增长曲线,当来流马赫数相对较小时(为 5～6.5),钝头体受到的无量纲阻力在 0.2 附近,此时激光能量所减小的阻力随着来流马赫数的增加而增加;当来流马赫数达到 7~8 时,减小的阻力最多,此时位于增长曲线斜率最大的位置;当来流马赫数继续增加到 10 时,注入的能量所减小的阻力变小;若来流马赫数继续向上增加,则钝头体的无量纲阻力理论上应该趋近 1。

再考虑注入功率为 10kW 条件下不同来流马赫数与能量效率的关系。由注入功率为 10kW 时钝头体阻力改变的情况可以看出,在来流马赫数为 7~8 时,钝头体减小的阻力最多,达到 200N 左右,当来流马赫数增大或者减小时,所减小的阻力值都减少。由能量效率的定义与计算得到的结果可知,在来流马赫数为 8 时,注入能量的能量效率最大,此时能量效率达到 48,也就是每注入 1J 的激光能量可以节省 48J 的推进剂能量。当来流马赫数增加或者减小时,能量效率都会降低,因此,不同来流马赫数与能量效率的关系近似于一条抛物线。

不同来流马赫数情况下,钝头体受到的阻力如图 6-19 所示。

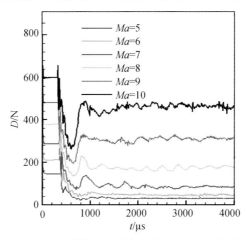

图 6-19  不同马赫数下钝头体受到的阻力随时间的变化

由图 6-19 可以看出,当来流马赫数较小时,注入的激光能量足够大,能够使得钝头体受到的阻力在第一次下降以后就能够稳定在较低的水平;当马赫数增加时,钝头体受到的阻力会存在一个波动,但是最后仍然会稳定在较低的位置,此时注入激光所减小的阻力最多;当马赫数继续增加时,钝头体受到的阻力在达到一个最小值后回升到一个较高的水平。并且在 $Ma$ 不同的情况下,阻力下降的时间也有差别。在能量一定的情况下,$Ma$ 较小时从能量沉积区域传出的爆轰波速度小于 $Ma$ 较大时从能量沉积区域传出的爆轰波速度,因此 $Ma$ 较大时钝头体阻力下降的时间要早于 $Ma$ 较小时钝头体阻力下降的时间。对比 $Ma=5$ 和 $Ma=10$ 时的情况可以看出这种差别。

从能量注入后的流场演化情况可以看出钝头体所受阻力的变化情况,如图 6-20 所示(图中:第 1 列为 $Ma=5$;第 2 列为 $Ma=7$;第 3 列为 $Ma=10$)。

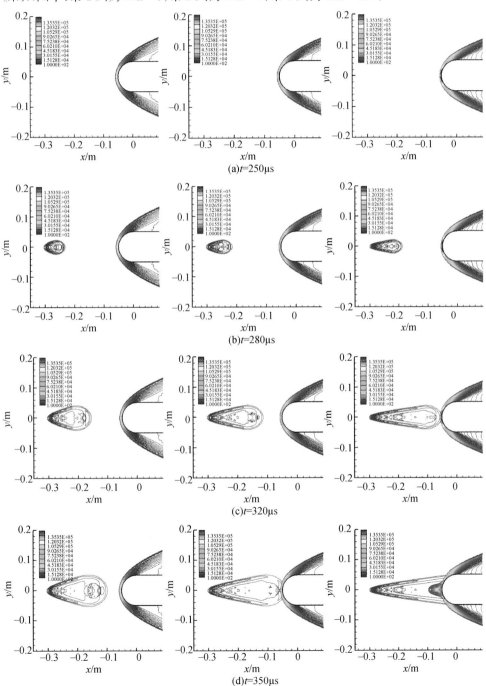

(a)$t=250\mu s$

(b)$t=280\mu s$

(c)$t=320\mu s$

(d)$t=350\mu s$

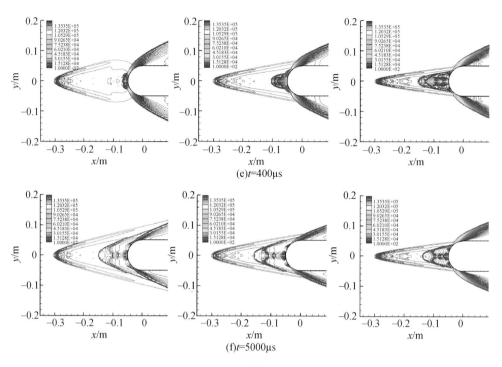

(f)$t$=5000μs

图 6-20 $Ma$ 变化时不同时刻的压力等值线

在流场中还没有激光能量注入时,在钝头体前形成了强烈的弓形激波。当来流马赫数不同时,所形成的弓形激波强度也不相同。从图 6-20(a)中可以看出,随着来流马赫数的增大,钝头体表面与弓形脱体激波之间的压力升高,从 $Ma$=5 时的不到 40000Pa,到 $Ma$=7 时的 75000Pa,再到 $Ma$=10 的 154000Pa 左右,弓形脱体激波表面到钝头体表面的距离也越来越小。根据 Lobb 所给出的定常条件下激波前端面距离驻点的关系公式,当来流马赫数增大时,脱体激波表面与钝头体表面的距离在来流马赫数增大时的确会减小。当能量注入时,从能量沉积区域传出激光维持的爆轰波,当来流马赫数不同时,爆轰波传播的速度也有差别(图 6-20(b))。同一时刻,在来流马赫数较大的情况下,爆轰波传播了较远的距离,而当来流马赫数相对较小时,爆轰波传播的距离较近。因此,在不同的算例中,爆轰波按照马赫数从大到小的顺序传播到钝头体表面(图 6-20(c)~图 6-20(e))。当注入的能量与钝头体表面的弓形激波相互作用,再次形成稳定的流场结构以后,可以看出,在不同的来流马赫数下,形成的流场结构也有一定的区别(图 6-20(f)),这种区别导致了钝头体受到的阻力的差别。来流马赫数较小时($Ma$=5),由于爆轰波沿 $x$ 轴方向传播速度较慢,因此当爆轰波传播到钝头体表面时,在 $y$ 轴方向传播的距离已经远大于钝头体的直径,完全把钝头体包含在其内部,因此,钝头体受到的阻力很小,但是,此时注入能量相对来说过大,使得能量效率不高;当 $Ma=7$ 时,爆轰波沿 $x$ 轴方向传播到钝头体表面时,其在 $y$ 轴方向传播的距离略大于钝头体的直径,也能完全将钝头体完全包含在其内部,此时,钝头体的无量纲阻力相对 $Ma=5$ 时增加了约 0.08,但是,能量效率相对于 $Ma=5$ 时有了极大的提高;当 $Ma=10$ 时,爆轰波沿 $x$ 轴方向传播到钝头体表面时,其在 $y$ 轴方向传播的距离小于钝头体的直径,在爆轰波与钝头体表面作用的两端,形成高压区,因此,钝头体的阻力减小并不多,并且这样的阻力减小主要是由钝头体前部压力的降低引起的,钝头体所受到的无量纲阻力为 0.781,通过激光能量注入所减小的阻力没有达到最大,能量效率与 $Ma=7$ 时相比有所下降。

当流场在注入能量后再次达到稳定时,流场中温度等值线与密度等值线如图 6-21 所示(图中:第 1 列为 $Ma=5$,第 2 列为 $Ma=7$;第 3 列为 $Ma=10$)。

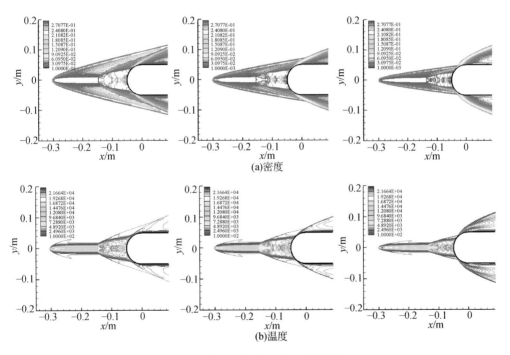

图 6-21　稳态时的密度和温度等值线

在密度方面,随着 $Ma$ 的增大,钝头体前部的密度增大,在钝头体前缘的两侧,密度增大尤为明显。当 $Ma$ 较小时,钝头体能够完全被包围在爆轰波内部,周围的密度较小,当 $Ma=10$ 时,爆轰波传播到钝头体表面,还来不及膨胀,其形成的高温低密度区对钝头体两侧的影响不大,来流直接作用在钝头体侧面,形成了明显的高密度区。在温度方面,当 $Ma=5$ 和 $Ma=7$ 时,其钝头体表面驻点温度都在 2800K 附近,而当 $Ma$ 增大到 10 时,钝头体表面驻点温度上升到 3400K 附近。

### 6.3.2 不同来流马赫数下激光功率对减阻性能的影响

在来流马赫数不同的情况下,其他条件不变,计算了注入激光功率分别为 10kW、20kW 和 50kW 时的减阻性能。

当注入功率不同时,计算得到的钝头体所受阻力如表 6-5 所示。

表 6-5 不同来流马赫数下注入不同激光功率时的阻力

| | $Ma$ | 5 | 6 | 7 | 8 | 9 | 10 |
|---|---|---|---|---|---|---|---|
| | $D_{ref}/N$ | 144.67 | 207.26 | 283.43 | 376.28 | 476.86 | 593.33 |
| | $P=10kW$ | 30.33 | 45.36 | 83.14 | 177.41 | 315.36 | 463.59 |
| $D_{mod}/N$ | $P=20kW$ | 18.54 | 29.55 | 48.76 | 95.13 | 214.04 | 319.03 |
| | $P=50kW$ | 19.20 | 21.51 | 29.51 | 42.55 | 69.66 | 135.84 |

从表中数据可以看出,相对于注入功率为 10kW 时,当功率增加到 20kW 时,钝头体受到的阻力进一步减小。并且当来流马赫数较大时,减小的阻力更多,当来流马赫数相对较小时,减小的阻力相对较少。注入功率为 50kW 时,来流马赫数较小时钝头体受到的阻力与注入功率为 20kW 时相比改变不大,这说明注入能量已经趋于饱和了;但是当马赫数增加时,钝头体受到的阻力较注入功率为 20kW 时有了较大幅度的减小,此时说明注入的能量仍然没有达到饱和,继续增加能量,阻力还可以进一步减小。

下面比较在不同来流马赫数下不同的注入功率对钝头体受到阻力的影响,钝头体的无量纲阻力与能量效率如图 6-22 所示。

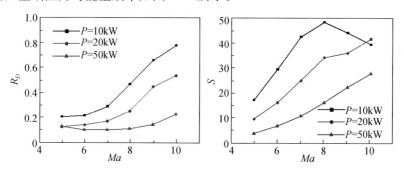

图 6-22 不同激光功率条件下的无量纲阻力与能量效率

从不同激光功率条件下钝头体受到的无量纲阻力与能量效率中可以看出，当注入功率增加时，在 $Ma$ 较小的情况下，无量纲阻力差别不大，但 $Ma$ 较大时却相差明显。在 $Ma=10$ 的情况下，$P=50\mathrm{kW}$ 时，无量纲阻力最小，在 0.2 附近，其能量效率 $S$ 接近 30；$P=20\mathrm{kW}$ 时虽然能量效率达到了 40，但其无量纲阻力却还是比较大，将近 0.55；因此，需要继续增加注入功率以减小其无量纲阻力。

考虑注入功率改变时流场的改变情况。在计算结束时刻，流场的压力等值线如图 6-23 所示（图中：第 1 列为 $Ma=5$；第 2 列为 $Ma=7$；第 3 列为 $Ma=10$）。随着注入功率的增大，爆轰波膨胀的速度增大，但是在爆轰波沿 $x$ 轴方向膨胀过程中，仍然是来流速度起主导作用。因此，到达钝头体表面时，爆轰波沿 $y$ 轴传播的距离大于当 $P=10\mathrm{kW}$ 时所传播的距离。当 $Ma=5$ 时，爆轰波沿 $y$ 轴膨胀的距离已经极大地超过了钝头体的直径，钝头体完全处于爆轰波所产生的低密度区中，这是前面得到的注入激光功率从 20kW 增加到 50kW 时钝头体受到的阻力几乎不再变化的原因。在 $Ma=10$ 的情况下，在注入功率 $P=20\mathrm{kW}$ 时，爆轰波几乎将钝头体完全覆盖，但在钝头体的两侧仍然存在高压区，这使得钝头体的阻力仍然较大；$P=50\mathrm{kW}$ 时，爆轰波沿 $y$ 轴膨胀的距离超过钝头体直径，因此钝头体的无量纲阻力只有 0.2 左右。

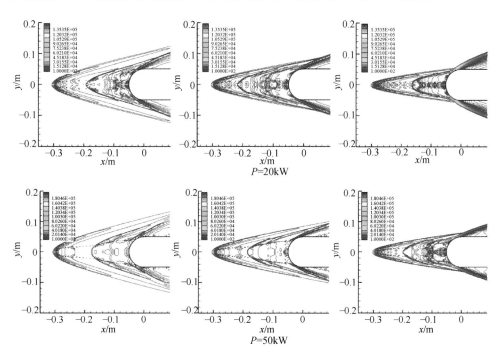

图 6-23　激光功率变化时不同马赫数下的压力等值线

$Ma=10$ 时,不同注入功率下的钝头体表面驻点温度如图 6-24 所示。当注入激光功率较小时,表面驻点温度较低,在 3000K 左右,当注入功率上升到 50kW 时,温度振荡上升,最后稳定在 5000K 左右。这是由于钝头体表面受到爆轰波内部的高温低密度区域影响。因此,要获得较好的减阻效果,必须使钝头体能够承受较高的温度。

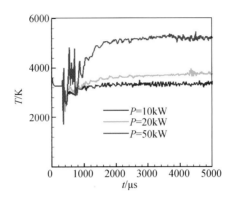

图 6-24　钝头体表面驻点的温度曲线

# 6.4　不同飞行高度下的减阻特性

### 6.4.1　飞行高度对减阻性能的影响

飞行高度的变化主要影响飞行器的外部环境。飞行器周围的环境气体参数,如压强 $p$、密度 $\rho$、温度 $T$、黏性系数 $\mu$、声速 $c$ 等,都随着飞行高度的升高而减小。因此,在不同的飞行高度,激光空气锥减阻所获得的效果也不同。当飞行高度较低时,由于空气相对于高空较稠密,因此飞行器受到的阻力急剧增加。所以,要获得与高空相同的减阻比,需要更多的激光能量。

不同飞行高度的环境参数如表 6-6 所示。

**表 6-6　不同飞行高度的环境参数**

| 高度/km | $p$/Pa | $\rho$/(kg/m³) | $T$/K | $\mu$/(Pa·s) | $c$/(m/s) |
|---|---|---|---|---|---|
| 10 | $2.65\times10^4$ | $4.13\times10^{-1}$ | 223.25 | $1.46\times10^{-5}$ | 299.53 |
| 15 | $1.21\times10^4$ | $1.95\times10^{-1}$ | 216.65 | $1.42\times10^{-5}$ | 295.07 |
| 20 | $5.53\times10^3$ | $8.89\times10^{-2}$ | 216.65 | $1.42\times10^{-5}$ | 295.07 |

续表

| 高度/km | $p$/Pa | $\rho$/(kg/m³) | $T$/K | $\mu$/(Pa·s) | $c$/(m/s) |
|---|---|---|---|---|---|
| 25 | $2.54\times10^3$ | $4.01\times10^{-2}$ | 221.55 | $1.45\times10^{-5}$ | 298.39 |
| 30 | $1.20\times10^3$ | $1.84\times10^{-2}$ | 226.51 | $1.48\times10^{-5}$ | 301.71 |
| 35 | $5.75\times10^2$ | $8.46\times10^{-3}$ | 236.51 | $1.53\times10^{-5}$ | 308.30 |

钝头体飞行时来流马赫数为 6.5,注入激光能量为 10kW,能量注入位置位于钝头体前部 5$R$。当高度不同时,计算得到钝头体受到的阻力如表 6-7 所示。

表 6-7　不同飞行高度下钝头体在注入能量前后受到的阻力

| $H$/km | 10 | 15 | 20 | 25 | 30 | 35 |
|---|---|---|---|---|---|---|
| $D_{ref}$/N | 5458.21 | 2474.69 | 1131.68 | 524.05 | 241.75 | 118.37 |
| $D_{mod}$/N | 5115.70 | 2196.69 | 893.81 | 299.39 | 55.47 | 22.90 |

在前部来流中注入 10kW 激光能量后,钝头体在不同飞行高度下受到的无量纲阻力 $R_D$ 及能量效率 $S$ 如图 6-25 所示。

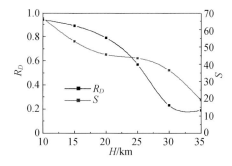

图 6-25　不同高度下的无量纲阻力及能量效率

从图中无量纲阻力曲线可以看出,当飞行高度较低时,钝头体受到的无量纲阻力接近 1;而当飞行高度较高时,无量纲阻力下降明显,不到 0.2;当飞行高度在 25km 时,无量纲阻力的斜率最大。因此,钝头体的无量纲阻力应该是一条逆向的增长曲线:当飞行高度较低时,由于空气稠密和环境压力高,因此在注入能量之前,钝头体受到非常大的阻力,在钝头体前部形成极为强烈的弓形激波。当激光能量注入时,由于注入功率只有 10kW,因此虽然在所有的算例中阻力减小最多,但是由能量沉积所带来的阻力减小与钝头体受到的阻力比起来非常小,无量纲阻力接近 1;当飞行高度较高时,由于空气稀薄与压力减小,钝头体前部形成的弓形激波的强度较弱,注入的能量足以破坏激波结构,并且注入的能量接近饱和,使得钝头体受到的无量纲阻力不再减小。所以,当飞行高度较高或飞行高度较低时,$R_D$ 的变化都比较平缓,而在飞行高度在 20~30km 时,10kW 功率的激光能量能有效减小钝头体阻力,并且没有达到饱和。

当飞行高度为 10km 时,实际减小的阻力较多,有 340N 左右,同时注入功率较小,只有 10kW,因此能量效率较高;当钝头体的飞行高度较高时,由于钝头体本来受到的阻力远小于飞行高度较低的情况,因此向前部来流中注入激光能量后,虽然钝头体的无量纲阻力较小,但实际所减小的阻力并不多,同时,注入的激光能量有饱和的趋势,这导致了在飞行高度较高时,能量效率较低。

不同飞行高度下,钝头体周围的流场情况如图 6-26(图中:第 1 列为 $H=$10km;第 2 列为 $H=15$km;第 3 列为 $H=20$km)和图 6-27 所示,图中流场等值线采用了相同的显示比例。

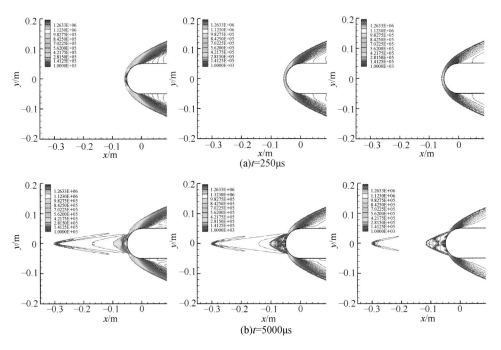

图 6-26    不同飞行高度对应的压力等值线

从图中可以看出,没有能量注入时,不同的飞行高度下,钝头体前部的压力差别巨大。当飞行高度 $H=10$km、$Ma=6.5$ 时,钝头体前部压力达到了 $1.4×10^6$ Pa,飞行高度 $H=15$km 时,钝头体前部压力为 $6.5×10^5$Pa,因此,随着钝头体飞行

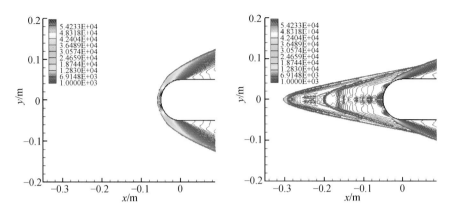

图 6-27 能量注入前后流场的压力变化情况($H=30\mathrm{km}$)

高度的增加,钝头体表面的压力迅速减小。注入激光能量后,钝头体周围流场的变化如图 6-26(b)所示。从图中可以看出,在 $H=10\mathrm{km}$ 时,注入的 10kW 功率的激光能量虽然能改变钝头体前部的弓形激波结构,使得弓形激波的顶部向前移动,但是其移动的距离不大,只有不到 $1r$,在激光空气锥区域内,压力虽然较之前未施加能量时有所减小,但是仍然为环境压力的 20 倍左右。钝头体表面的高压区向两侧移动,此高压区压力甚至高于没有能量注入时钝头体前端驻点的压力,达到了 $2.1\times 10^6\mathrm{Pa}$。钝头体处于该区域中时,强大的压力作用在钝头体表面,使得钝头体受到的阻力较基准阻力只下降了不到 7%,这样,钝头体的无量纲阻力较大。当飞行高度上升到 $H=20\mathrm{km}$ 时,注入能量后,钝头体受到无量纲阻力相比 $H=10\mathrm{km}$ 时明显减小。当飞行高度继续上升到 $H=30\mathrm{km}$ 时,钝头体周围的气体变得稀薄,因此注入功率为 10kW 的激光能量时,能有效减小钝头体受到的阻力。当没有能量注入时,飞行器周围的环境压力约为 $1.20\times 10^3\mathrm{Pa}$,而钝头体表面驻点的压力约为环境压力的 51 倍,所形成的弓形激波强度相对于飞行高度较低时下降了很多。当同样采用 10kW 功率的激光能量在钝头体前部来流中沉积时,其产生的等离子体与爆轰波能够有效地破坏钝头体前部的弓形激波结构。弓形激波的顶端由于低密度区的原因,向前部来流方向移动了将近 $3R$。钝头体前部的气体中,压力与无能量注入时相比有了大幅度的减小。在表面驻点的压力已经可以与环境压力相比拟,最大压力出现在钝头的两侧,但是最大压力也仅为环境压力的 10 倍左右。因此,在注入能量后,钝头体所受到的无量纲阻力仅为 0.2 左右。

在飞行高度为 $H=10\mathrm{km}$ 与 $H=30\mathrm{km}$ 时,钝头体注入能量后表面的密度云图如图 6-28 所示,钝头体表面的密度分布如图 6-29 所示。

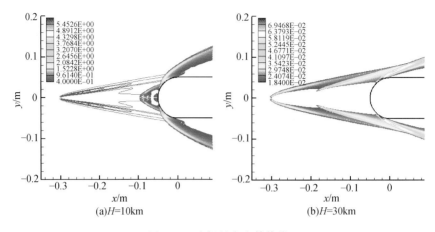

(a)$H=10$km　　　　　　　　(b)$H=30$km

图 6-28　流场的密度等值线

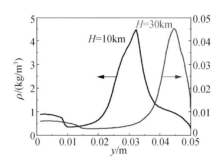

图 6-29　钝头体表面的密度分布

在密度等值线图中,均以环境压力作为最低压力参考:$H=30$km 时为 $1.84\times10^{-2}$kg/m³;$H=10$km 时为 $4.13\times10^{-1}$kg/m³。从不同飞行高度的密度等值线中可以看出,当飞行高度为 $H=30$km 时,在前部来流中持续注入功率为 10kW 的激光能量会在钝头体前部形成低密度区域,此低密度区域使得在飞行过程中钝头体前部受到的压力下降,从而使得钝头体受到的阻力减小。当飞行高度为 $H=10$km 时,能量注入前后,钝头体前部区域密度改变较小,这使得在能量注入前后钝头体受到的阻力改变不大。考虑钝头体表面气体密度,可以看出,当飞行高度为 $H=30$km 时,钝头体表面的密度比飞行高度为 $H=10$km 时小了两个量级。并且当 $H=30$km 时,钝头体表面的高密度区域更加接近两侧,这使得钝头体表面受到的阻力更小。

## 6.4.2　不同飞行高度下激光功率对减阻性能的影响

当飞行器在不同高度时,改变注入功率的大小,分别采用 10kW、20kW、50kW 的注入能量。在没有能量注入条件下与有能量注入条件下钝头体受到的阻力如表 6-8 所示。

表 6-8　不同飞行高度下钝头体在注入能量前后受到的阻力

| $H/\mathrm{km}$ | 10 | 15 | 20 | 25 | 30 | 35 |
|---|---|---|---|---|---|---|
| $D_{\mathrm{ref}}/\mathrm{N}$ | 5458 | 2474 | 1131 | 524 | 241 | 118 |
| $D_{\mathrm{mod}}/\mathrm{N}(P=10\mathrm{kW})$ | 5115 | 2196 | 893 | 299 | 55 | 22 |
| $D_{\mathrm{mod}}/\mathrm{N}(P=20\mathrm{kW})$ | 4852 | 1991 | 701 | 146 | 40 | 23 |
| $D_{\mathrm{mod}}/\mathrm{N}(P=50\mathrm{kW})$ | 4249 | 1390 | 309 | 99 | 31 | 17 |

计算得到不同激光功率注入条件下钝头体受到的阻力随时间变化的曲线,如图 6-30 所示。

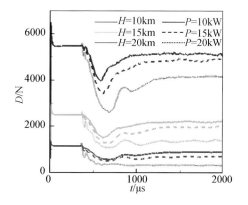

图 6-30　不同功率下的阻力曲线

不同高度下,不同注入激光功率的无量纲阻力 $R_D$ 及能量效率 $S$ 如图 6-31 所示。

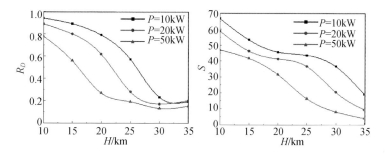

图 6-31　不同功率和不同飞行高度对应的无量纲阻力及能量效率

从无量纲阻力 $R_D$ 与飞行器高度 $H$ 关系中可以看出,随着高度的上升,无量纲阻力呈下降的趋势,并且,随着注入激光功率的增加,钝头体受到的阻力减小的情况略有区别。当飞行高度为 $H=10\mathrm{km}$ 与 $H=15\mathrm{km}$ 时,在三组注入激光功率的算例中,注入激光使得钝头体的阻力先下降,达到一个最小值后恢复到一个阻力相对较大的水平,此时,阻力减小得并不多,钝头体受到的无量纲阻力较大;当飞行高度在 $H=20\mathrm{km}$ 时,在注入激光功率为 $P=10\mathrm{kW}$ 与 $P=20\mathrm{kW}$ 时,阻力的变化趋势与上述情况类似,但是当注入激光功率达到 $50\mathrm{kW}$ 时,钝头体的阻力在达到极小值后不再上升,而是稳定在该注入条件下阻力的极小值。当飞行高度继续上升至 $30\mathrm{km}$ 时,注入不同功率的激光对无量纲阻力的改变已经很小,$P=20\mathrm{kW}$ 与 $P=50\mathrm{kW}$ 时相比,钝头体受到的无量纲阻力改变了 0.04,此时,说明激光的减阻能力已经接近饱和,再提高注入激光的功率,对钝头体所受到的阻力改变不大,但是使得能量效率大大降低。从能量效率 $S$ 与飞行高度 $H$ 的关系图中可以看出,随着飞行高度 $H$ 的上升,能量效率呈下降趋势。这是因为,随着飞行高度的上升,钝头体受到的阻力下降,而注入激光后带来的阻力减小的绝对值也随之下降。在不同飞行高度,来流马赫数 $Ma$ 与注入的激光功率 $P$ 是不变的,当地声速 $c$ 改变很小。因此,能量效率随着飞行高度的上升而减小。

对比在飞行高度为 $H=10\mathrm{km}$ 与 $H=20\mathrm{km}$ 的不同激光注入功率时的流场压力情况,如图 6-32 所示(图中:第 1 列为 $P=10\mathrm{kW}$;第 2 列为 $P=20\mathrm{kW}$;第 3 列为 $P=50\mathrm{kW}$)。

由图 6-32 可以看出,当飞行高度为 $H=10\mathrm{km}$ 时,激光功率从 $P=10\mathrm{kW}$ 增加到 $P=50\mathrm{kW}$ 对流场压力的改变不大,钝头体表面激波的顶部只向前移动了很小的距离,而在钝头体前部压力的变化很小,在两侧仍然存在高压区。因此,钝头体阻力相对参考阻力来说变化不大。当飞行高度为 $H=20\mathrm{km}$ 时,激光功率的增加却对钝头体周围流场改变很大。从图中可以看到,当注入功率为 $P=10\mathrm{kW}$ 时,钝头体表面有很大的压力,并且激波顶部距离钝头体表面只有 $1R$ 的距离,当注入功率增加到 $P=20\mathrm{kW}$ 时,钝头体前部的压力减弱,而当注入功率增加到 $P=50\mathrm{kW}$ 时,钝头体前部的压力相对于 $P=10\mathrm{kW}$ 时大幅度减小,驻点的压力为环境压力的 7.8 倍,而驻点周围压力为环境周围压力的 2.7 倍,最高压力出现在钝头体两侧,为环境压力的 15 倍左右,激波顶部到钝头体表面驻点的距离约为 $1.8r$,此时,钝头体受到的无量纲阻力为 0.27,远小于 $P=10\mathrm{kW}$ 时的 0.79。当飞行高度为 $H=10\mathrm{km}$ 与 $H=20\mathrm{km}$ 时,不同注入功率条件下钝头体表面的密度分布如图 6-33 所示。

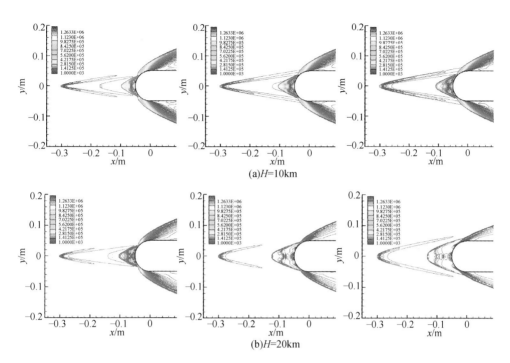

图 6-32　不同飞行高度与注入功率下的流场压力等值线

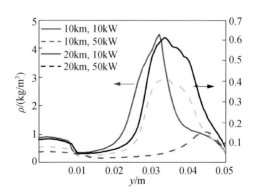

图 6-33　不同飞行高度与注入功率下的钝头体表面密度分布图

从钝头体表面沿 $y$ 轴方向的密度可以看出，飞行高度为 $H=10\text{km}$ 时，注入功率从 10kW 增加到 50kW，钝头体表面气体的密度虽然有所下降，但是下降的百分比并不多，最高密度从 $4.5\text{kg/m}^3$ 下降到 $3\text{kg/m}^3$。当飞行高度为 $H=20\text{km}$ 时，钝头体表面气体密度下降百分比很大，从最高密度大于 $0.6\text{kg/m}^3$ 下降到 $0.15\text{kg/m}^3$，并且钝头体大部分表面的气体密度小于 $0.05\text{kg/m}^3$。因此，在钝头体受到的阻力方面，在

10km 高空,注入功率为 10kW 的激光能量与注入功率为 50kW 的激光能量所减小的无量纲阻力相差不大,但是在 20km 高空,注入的激光功率的增加使得钝头体受到的无量纲阻力大幅度减小。

## 参 考 文 献

[1]刘准.高超声速条件下激光等离子体减阻性能研究[D].北京:装备学院硕士学位论文,2010.

[2]刘准,窦志国,黄辉,等.注入能量功率与钝头体阻力关系数值研究[C].北京:第六届电推进会议,2010:321-325.

[3]Myrabo L N, Raizer Y P. Laser- induced air spike for advanced transatmospheric vehicles[R]. AIAA,1994:2451

[4]刘准,窦志国,黄辉,等.来流马赫数对激光等离子体减阻性能影响[J].机电产品开发与创新,2010,4:18-20.

# 第7章　高重频激光空气锥减阻

第5章研究了单脉冲激光与钝头体飞行器前缘流场的相互作用过程,使读者对单脉冲激光空气锥减阻机理具有了一些初步的认识,但是从任务需求来讲,单脉冲激光空气锥满足不了持续飞行的需求,因此在第6章梳理了连续激光注入形成空气锥从而减小波阻的机理,采用连续激光注入方式可以持续减小阻力,从而获得优良的气动性能。但是,从节能的角度分析,在实验中向超声速来流中注入激光能量更多的是采用多脉冲激光器而不是连续激光器。研究表明,当注入激光脉冲重复频率足够高时,连续激光能量注入可以被脉冲激光能量注入代替。

高重频激光空气锥减阻不仅包含高温低密度区与弓形激波的相互作用问题,还包括高重频激光能量沉积形成准静态波、流场的稳定性,以及参数的优化与匹配等问题。其减阻性能与激光参数(能量大小、激光沉积位置等)、环境参数(来流马赫数、压力、温度等)及钝头体的形状有关,影响因素较多。本章对具有代表性的半球形钝头体进行高重频激光空气锥减阻数值研究,期望得到一些规律性的认识。

## 7.1　计算方法及初边值条件

控制方程及流场解算器与第3章介绍的数值计算方法相同,不同的是能量源项。在高重频激光能量沉积时,假设注入的能量波形为方波,单脉冲能量为 $E$,脉冲持续时间为 $\tau$,周期为 $T$,则注入的激光脉冲函数可表示为[1]

$$f(t) = \begin{cases} 1, & 0 \leqslant \mathrm{mod}(t, T) \leqslant \tau \\ 0, & \tau < \mathrm{mod}(t, T) < T \end{cases} \tag{7-1}$$

因此,在每个计算网格中,注入激光能量后的比内能为

$$e = \frac{E \cdot f(t)}{V} + e_{\mathrm{old}} \tag{7-2}$$

式中,$V$ 为能量沉积区域的总体积;$e_{\mathrm{old}}$ 为能量注入前的比内能。

钝头体模型及初始值条件与5.1.1节完全一致。

# 7.2 激光参数对减阻性能的影响

### 7.2.1 激光能量对减阻性能的影响

#### 1. 高重频条件下流场的演化过程

模拟的钝头体半径 $R=6mm$，能量沉积区域是半径 $R=0.2mm$、长 $l=0.4mm$ 的圆柱体，能量沉积点到钝头体驻点的距离 $L=2R=12mm$。当注入的激光平均功率为 500W、重复频率为 150kHz 时，钝头体前缘流场演化过程如图 7-1 所示。

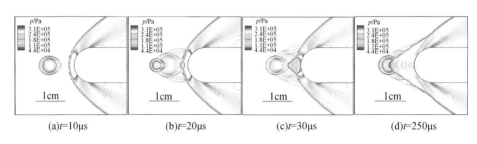

(a)$t=10\mu s$    (b)$t=20\mu s$    (c)$t=30\mu s$    (d)$t=250\mu s$

图 7-1 流场演化过程

由流场演化过程压力等值线图可以看出，激光能量沉积产生的激波相对于弓形激波为弱激波，因此激光空气锥减阻的优势在于利用较少的能量改变流场结构分布，从而达到减小阻力的目的。

当 $t=10\mu s$ 时，能量沉积产生的激波在超声速气流的作用下向下游移动。

当 $t=20\mu s$ 时，低密度区到达弓形激波表面，并开始与弓形激波作用，在透镜效应的作用下，弓形激波发生微小的变形，此时由于激波与弓形激波作用产生的透射波到达钝头体表面，因此钝头体表面压力有短暂的升高。

当 $t=30\mu s$ 时，低密度区进一步与弓形激波作用，激波脱体距离增大，钝头体表面压力开始下降。

当 $t=250\mu s$ 时，基本形成了稳定的流场结构，钝头体前的弓形激波结构被破坏，形成了空气锥，阻挡了超声速气流直接作用在钝头体表面，改变了钝头体表面的压力分布，从而减小了超声速条件下钝头体的波阻。

#### 2. 激光平均功率对减阻性能的影响

数值模拟得到减阻百分比 $\eta$ 和能量效率 $S$ 随激光平均功率的变化曲线如图 7-2

所示。从图中可以看出,随着平均功率的增大,减阻百分比增大,然而 $\eta$ 增大的速度减缓,当 $P > 3\text{kW}$ 时,再继续增加功率,对提高减阻百分比基本没有影响。能量效率的变化恰好与此相反,当 $P = 0.3\text{kW}$ 时,能量效率高达 15.5,当 $P = 4\text{kW}$ 时,能量效率只有 2.6。

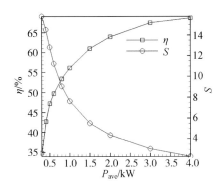

图 7-2　减阻百分比和能量效率随激光平均功率的变化曲线

以平均功率 $P = 0.5\text{kW}$、$1.0\text{kW}$ 及 $3.0\text{kW}$ 为例,分析不同功率对减阻性能的影响。在三种功率下,钝头体受到的阻力随时间的变化曲线如图 7-3 所示。从图中可以看出,在不同的注入功率下,阻力的变化趋势相同,都是在激波达到钝头体表面时,阻力会有短暂的增大,与图 7-3 中流场演化的过程一致。随着高温低密度区开始与弓形激波作用,阻力开始下降,当 $t = 100\mu s$ 左右时,阻力达到最小值,随后阻力振荡上升直至最后达到准稳定状态。随着功率的增大,稳态时阻力逐渐减小,但是随着功率的增大,阻力减小的速度变缓。从图中还可以看出,功率越小,达到稳态所需的时间越短,三种功率下达到稳态所需的时间分别为 $200\mu s$、$300\mu s$ 和 $350\mu s$,主要是由于功率越小,对流场参数的改变量越小,因此流场再次恢复平衡态所需的时间越短。

图 7-3 给出了三种不同功率下阻力的变化趋势,下面通过分析稳态时钝头体表面的压力分布,对阻力随功率的变化规律做进一步的解释。图 7-4 给出了流场达到稳态时三种功率下的压力等值线分布。激光能量沉积所产生的高温低密度区使得弓形激波的前缘向前移动,形成斜激波,功率越高,激波角度越小,也就是说空气锥越细,钝头体受到的阻力也就越小,且功率越大,激波脱体距离也越大。

三种注入功率下钝头体表面相对压力的分布如图 7-5 所示,图中黑色实线为无能量注入时钝头体表面相对压力分布。

从图中可以看出,能量注入后钝头体表面($-50°\sim50°$)压力显著下降,当 $P = 0.5\text{kW}$ 时,驻点压力下降到原来的 3/8,在 $-30°\sim-20°$ 和 $20°\sim30°$ 压力最低,约为环

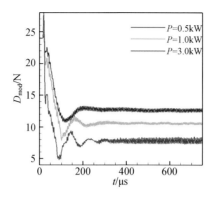

图 7-3   不同功率下钝头体阻力随时间的变化曲线

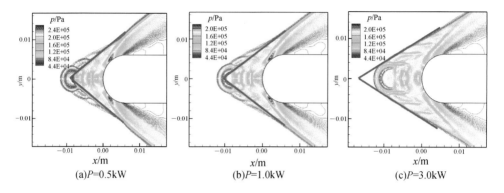

(a)$P$=0.5kW                 (b)$P$=1.0kW                 (c)$P$=3.0kW

图 7-4   不同功率下流场的压力等值线

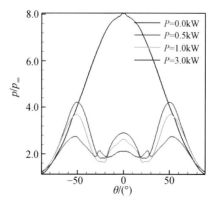

图 7-5   钝头体表面相对压力分布曲线

境压力的两倍。随着注入功率的增加,形成的高温区温度升高,由等离子体对波系控制过程的分析可知,高温区温度越高,高温区与弓形激波作用后钝头体表面压力越低,与图中曲线变化趋势一致。

### 7.2.2 脉冲重复频率对减阻性能的影响

脉冲重复频率是影响减阻百分比和能量效率的一个重要因素,但目前在有限的研究文献中结论不太一致,因此有必要研究重复频率对减阻性能的影响。本节分别基于平均功率相同和单脉冲能量保持不变研究重复频率对减阻性能的影响规律。

#### 1. 平均功率相同

这里研究在保持激光平均功率相同的条件下,获得减阻百分比和能量效率与重复频率的关系,以确定最佳的激光工作频率,为工程应用提供一定的理论参考。

数值模拟中设置激光器的平均功率为 $300\text{W}$,激光脉宽为 $0.1\mu s$,重复频率及对应的单脉冲能量如表 7-1 所示。

**表 7-1 激光重复频率及对应的能量**

| 重复频率/kHz | 10 | 50 | 80 | 100 | 120 | 150 | 200 | 250 | 300 | 400 | 450 | 500 |
|---|---|---|---|---|---|---|---|---|---|---|---|---|
| 单脉冲能量/mJ | 30 | 6.0 | 3.75 | 3.0 | 2.5 | 2.0 | 1.5 | 1.2 | 1.0 | 0.75 | 0.67 | 0.6 |

下面以 $10\text{kHz}$、$80\text{kHz}$ 和 $200\text{kHz}$ 三种典型重复频率为例,分析重复频率对减阻性能的影响。

##### 1)$f=10\text{kHz}$

当激光器的工作频率为 $10\text{kHz}$ 时,能量注入后钝头体阻力随时间的变化曲线如图 7-6 所示。从图中可以看出,阻力呈周期振荡变化趋势,其振荡周期为 $100\mu s$,等于激光脉冲周期,两次脉冲之间相互独立,互不干扰,每次脉冲作用效果与单脉冲相同。在此重复频率下,能量沉积对流场及钝头体阻力的影响可以看做是单脉冲作用效果的叠加。

在超声速来流作用下,激光注入后 $10\mu s$,能量沉积产生的爆轰波到达弓形激波表面(图中 A 点),并开始相互作用。激光能量沉积对阻力的影响时间约为 $72\mu s$,相互作用使钝头体阻力增加的时间约为 $7\mu s$,在随后 $65\mu s$ 时间内阻力下降。随着两者相互作用结束(图中 B 点),阻力恢复到原值。随着下一个脉冲激光能量的注入,阻力重复之前的变化过程。

在重复频率 $10\text{kHz}$ 的激光能量作用下,钝头体阻力在 $13\sim29\text{N}$ 变化,由原来的

23.9N下降到21.96N(平均值),阻力较无能量注入时减小了8.1%,能量效率为3.7(370%)。

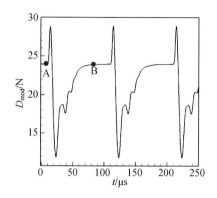

图 7-6 阻力随时间的变化曲线

能量沉积产生的爆轰波与钝头体前弓形激波相互作用过程的马赫等值线、密度和密度梯度、压力云图和流线图如图7-7所示。图中,标注 $p$ 表示压力,其单位为 $Pa$[3]。

当 $t=0\mu s$ 时,能量注入钝头体前中心轴线特定区域内,在能量注入点处形成高压低密度区,此时尚未对其下游流场产生干扰,也未对钝头体前弓形激波产生影响。

随着时间的演化,在超声速气流的作用下,激光能量沉积产生的激波向下游移动。当 $t=10\mu s$ 时,爆轰波到达弓形激波表面,与阻力变化曲线相吻合,并开始与弓形激波作用,产生的透射波向钝头体表面移动,升高了钝头体表面的压力。

当 $t=14\mu s$ 时,低密度区开始与弓形激波作用,弓形激波结构被破坏,弓形激波开始向上游移动,此时钝头体表面压力变化不明显,钝头体前形成了一直径为5mm、马赫数为0.6左右的亚声速区,且在钝头体前中心轴线附近出现回流。

当 $t=23\mu s$ 时,随着低密度区进入弓形激波,弓形激波继续向上游突出,两者作用产生的稀疏波向壁面移动,降低了壁面的压力,在驻点附近形成了明显的低压区,由阻力变化曲线可知,此时钝头体受到的阻力降到最低。

当 $t=30\mu s$ 时,低密度区穿过弓形激波,被壁面反射的压缩波再次返回壁面,使钝头体表面压力开始上升,变形的弓形激波开始恢复。

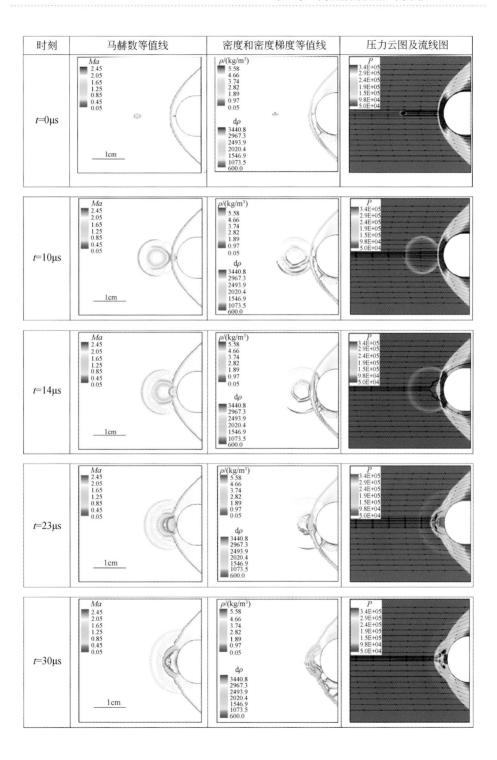

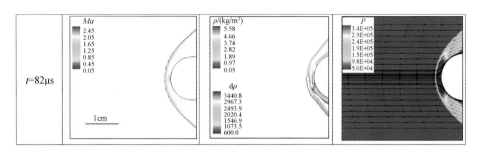

图 7-7　流场参数等值线及云图

直到 $t=82\mu s$, 低密度区与弓形激波作用结束, 弓形激波恢复到无能量沉积时的状态。

图 7-7 中各种等值线图和云图直观、定性地给出了激波与弓形激波作用的流场演化过程。下面通过不同时刻钝头体表面压力变化, 定量地分析能量沉积对钝头体表面压力的影响。不同时刻钝头体表面相对压力的变化曲线如图 7-8 所示。

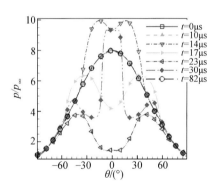

图 7-8　不同时刻钝头体表面相对压力分布图

由该图可以看出, 钝头体驻点附近压力在 $t=10\mu s$ 时开始上升, 当 $t=14\mu s$ 时, $\theta=-40°\sim40°$ 之间钝头体表面压力较无能量沉积时增加, 此时阻力增加到最大值。当 $t=17\mu s$ 时, 驻点附近压力有了显著的下降, 驻点处($\theta=0°$)压力下降至原驻点压力的 1/2, 虽然在 $\theta=30°\sim60°$ 和 $\theta=-60°\sim-30°$ 附近压力较无能量作用时有所上升, 但上升幅度较小, 对整体阻力来讲基本不产生影响。当 $t=23\mu s$ 时, 随着低密度区与弓形激波相互作用, 钝头体表面压力进一步下降, 驻点附近($\theta=-15°\sim15°$)压力由原来将近 8 $p_\infty$ 几乎减小至来流压力, 且在 $\theta=-40°\sim-15°$ 和 $15°\sim40°$ 之间压力也有明显的降低。当 $t=30\mu s$ 时, 驻点附近压力稍有升高, 但在 $\theta=-50°\sim-15°$ 和 $\theta=15°\sim50°$ 之间压力下降明显, 由阻力变化曲线可以看出, 此时钝头体受到的阻力仍较原阻力有所下降。当 $t=82\mu s$ 时,钝头体表面的压力基本恢复到无能量注入时的状态。

如果在减小阻力的同时,钝头体表面的温度也随之降低,那么利用激光空气锥减阻是非常有利的。如果温度不升高或有较小幅度的增加(在材料的承热极限内),那么也是可以接受的。因此,有必要研究能量的注入对钝头体表面温度的影响。在上述模拟条件下,不同时刻钝头体表面相对温度的变化曲线如图 7-9 所示。

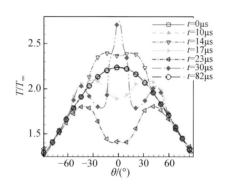

图 7-9　不同时刻钝头体表面相对温度分布图

当激波与弓形激波作用形成的透射波向钝头体表面移动时($t=14\mu s$),由于透射波为压缩波,因此升高了波后气体的压力和温度,由该图可知,驻点附近($\theta=-30°\sim-30°$)温度升高,较原来增加了约 $10\%$;随着流场的演化,低密度区与弓形激波作用形成的稀疏波向壁面移动,气体通过稀疏波后压力和温度会下降,因此当 $t=17\mu s$ 时温度开始下降;直至 $t=23\mu s$ 时温度下降至最低,由原来的 $2.2T_\infty$ 降低至约为 $1.4T_\infty$;随着从壁面反射的压缩波再次返回壁面,驻点处温度再次升高($t=30\mu s$);最终随着能量注入产生的低密度区与弓形激波相互作用结束,钝头体表面温度恢复至无能量注入时的状态。

2)$f=80$kHz

当激光重复频率为 80kHz 时,钝头体阻力随时间的变化曲线如图 7-10 所示。

从图中可以看出,阻力维持在一个较低的位置呈周期振荡,振荡周期和幅度较 $f=10$kHz 时明显减小。能量沉积后阻力平均值为 18.97N,减阻百分比为 20.7%。虽然重复频率增加到 80kHz,但是阻力仍然未达到稳定状态。

3)$f=200$kHz

在激光频率为 200kHz、单脉冲能量为 1.5mJ、其他条件不变的情况下,钝头体阻力随时间的变化曲线如图 7-11 所示。从图中可以看出,随着频率的增加,阻力不再振荡,大约经过 $300\mu s$ 阻力达到一稳定值。由无能量注入时的 23.9N 下降至 13.8N,

阻力降低了 42.3％，能量效率为 19.1，远远大于 1，因此采用高重频激光空气锥减小超声速飞行器波阻是非常有效的。

由阻力变化曲线还可以看出，激波达到弓形激波表面的时间约为 $22\mu s$，与频率为 10kHz 时的 $10\mu s$ 相比时间延长，也就是说传播速度减小。这是由于 200kHz 时单脉冲能量为 1.5mJ，10kHz 时单脉冲能量为 30mJ，单脉冲能量越大，激波的传播速度也相应越大。

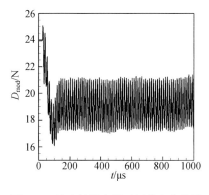 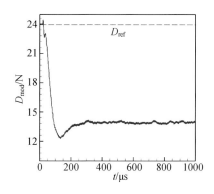

图 7-10　钝头体阻力随时间的变化曲线　　　图 7-11　阻力随时间的变化曲线

能量注入前后各参数流场如图 7-12 所示。由压力云图对比可以看出，原阻力较大的弓形激波由于能量的注入，激波脱体距离由原来的 1.8mm 增加到 7.8mm。且在钝头体前形成了大于 1 的回流区，此回流区类似尖锥结构，当超声速气流经过时会发生偏转，阻挡了超声速气流直接作用在钝头体表面。由密度和密度梯度等值线可以明显地看到，能量沉积产生的激波与弓形激波相互作用形成了内激波，由于内激波打在钝头体表面，升高了钝头体表面处的压力，形成了逆压梯度，因此出现了回流区[4]。

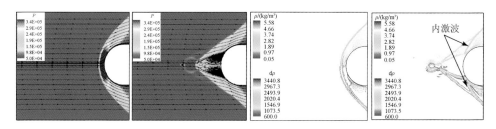

图 7-12　能量注入前后流场的变化

由上述分析可知，在相同的平均功率条件下，增加激光脉冲重复频率，不仅可以使阻力达到一个稳定的状态，而且有效地减小了阻力，提高了能量效率。因此，激光的脉冲重复频率是改善能量效率的重要参数之一。

图 7-13 给出了在平均功率为 300W 时,减阻百分比及能量效率随重复频率的变化曲线。

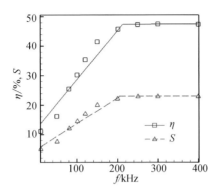

图 7-13　减阻百分比和能量效率随重复频率的变化曲线

从图中可以看出,$\eta$ 和 $S$ 的变化趋势相同。当频率小于 200kHz 时,随着频率的增大,$\eta$ 和 $S$ 几乎与频率成正比例关系,当 $f=200$kHz 时,$\eta$ 和 $S$ 达到最大值,分别为 48% 和 22.3。随着频率的进一步增大,$\eta$ 和 $S$ 基本保持不变。因此,在平均功率不变的条件下,存在一个最佳频率使得 $\eta$ 和 $S$ 达到最大值。由图 7-13 可知,减阻百分比和能量效率与重复频率的关系可表示为

$$\begin{cases} \eta = 9.3 + 0.198f, & f \leqslant 200\text{kHz} \\ \eta = 47, & f > 200\text{kHz} \end{cases} \tag{7-3}$$

$$\begin{cases} S = 4.1 + 0.098f, & f \leqslant 200\text{kHz} \\ S = 23, & f > 200\text{kHz} \end{cases} \tag{7-4}$$

2. 单脉冲能量保持不变

这里将研究单脉冲能量保持不变时,重复频率对减阻性能的影响。图 7-14 给出了单脉冲能量为 5mJ、10mJ、15mJ 和 20mJ 四种情况下减阻百分比随频率的变化曲线。

由图可知,$\eta$ 与 $f$ 基本呈线性关系,$f$ 越大,$\eta$ 也就越大。在四种单脉冲能量下,得到了相同的结论。但是随着单脉冲能量的增大,直线的斜率也随之增大;当 $E=20$mJ 时,减阻百分比最大为 70%。由于 $\eta$ 与 $f$ 呈线性关系,因此在单脉冲能量相同的条件下,能量效率 $S$ 基本不变,与 Sasoh 等的实验结果吻合。分析其原因可能是由于单脉冲能量相同,单次能量沉积对流场的影响效果相同,因此能量效率基本不变。但是随着频率的增加,单位时间内注入的能量与气体内能之比随之增大,对弓形激波

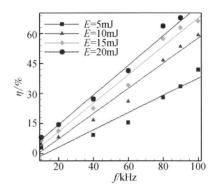

图 7-14  减阻百分比随频率的变化曲线

的破坏效果增大,因此减阻百分比增大。

### 7.2.3  最佳能量沉积位置的选择

以 $R=5\text{mm}$ 的半球体为模拟对象,激光能量沉积区域尺寸与前面设置相同,在平均功率为 1000W,重复频率为 150kHz 时,研究 $L/(2R)=0.5$、1.0、1.5、2.0 和 2.5 五种能量沉积位置对减阻性能的影响。五种沉积位置下阻力随时间的变化曲线如图 7-15所示[5]。

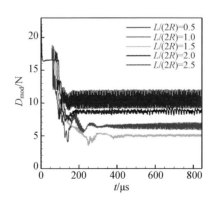

图 7-15  不同能量沉积位置阻力随时间的变化

由图可以看出,随着沉积位置到钝头体距离的增加,阻力先减小后增大,当 $L/(2R)=1.5$ 时阻力达到最小,当 $L/(2R)>1.5$ 时阻力开始增大。同时还可以发现,随着能量沉积位置的增大,阻力振荡减小,当 $L/(2R)=0.5$ 时,阻力以 150kHz(与激光重复频率相同)的频率振荡,振幅为±1.5N。

不同能量沉积位置准稳态时压力云图及流线图如图 7-16 所示,0 表示无能量沉积时的状态。

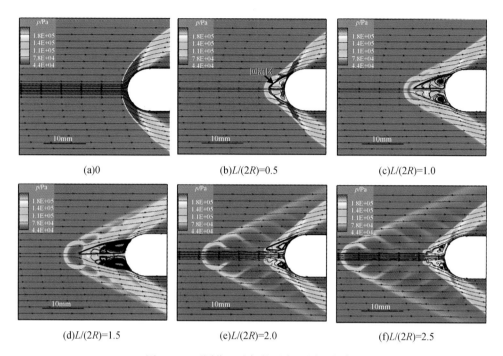

(a)0 　　 (b)$L/(2R)$=0.5 　　 (c)$L/(2R)$=1.0

(d)$L/(2R)$=1.5 　　 (e)$L/(2R)$=2.0 　　 (f)$L/(2R)$=2.5

图 7-16　不同位置流场的压力云图及流线图

由压力云图可以明显看出,无论沉积点位于哪个位置,注入能量后钝头体表面压力较无能量注入时都明显降低。由流线图可以看出,无能量注入时,超声速气流直接作用于钝头体表面。注入能量后,在钝头体前形成一空气锥,超声速气流经过该区域发生偏转,减小了作用在钝头体上的压力,从而减小了钝头体受到的波阻。通过该压力云图可以直观地看出不同位置钝头体表面压力的差别。当能量沉积位置从 0.5 变化到 2.5 时,激波脱体距离先增大,在 $L/(2R)$=1.5 时,脱体距离达到最大,由原来的 1.4mm 增加到 10.4mm,随着 $L/(2R)$继续增大,激波脱体距离减小。能量注入后钝头体前回流区的变化趋势与激波脱体距离相同。

减阻效果随能量沉积位置变化的原因为:当 $L/(2R)$较小时,能量沉积产生的爆轰波强度较大,与弓形激波作用形成的压缩波较强,且由于沉积点到驻点距离较短,低密度区在垂直来流方向上演化的尺寸较小,对钝头体表面压力的影响范围也较小,因此当 $L/(2R)$较小时,施加激光空气锥减阻后阻力仍然较大。随着 $L/(2R)$增大,到达壁面时爆轰波强度减小,且低密度区影响范围增大,因此波阻随之减小。随着 $L/(2R)$继续增大,能量注入对扰动区下游参数的影响力随之减弱,对弓形激波结构的改变能力不足,因而钝头体表面压力变化减弱,所以减阻性能下降。

前面的压力云图和阻力曲线定性、定量并直观地比较并分析了不同能量沉积位置对波阻的影响。由于模拟环境及激光能量参数相同,因此减阻百分比和能量效率的变化趋势与阻力的变化趋势相同,减阻性能随能量沉积位置的变化如图7-17所示。

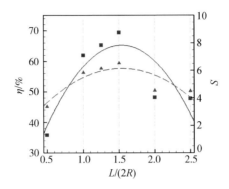

图7-17 减阻百分比和能量效率随能量沉积位置的变化曲线

从图中可以看出,减阻百分比和能量效率随沉积位置先增大后减小,在$L/(2R)$=1.5时减阻性能达到最大,减阻百分比为70%,能量效率为6.5。若$L/(2R)$继续增大,则减阻百分比和能量效率将随之减小,当$L/(2R)$增大到一定值时,沉积的能量基本不对钝头体前弓形激波产生影响,阻力趋于无能量沉积时的状态。

前面研究了平均功率为1000W时,能量沉积位置对减阻性能的影响,当平均功率改变时,最佳能量沉积位置随注入功率的变化曲线如图7-18所示。

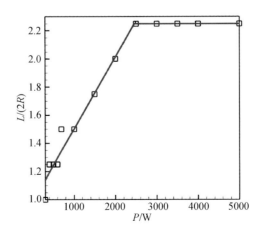

图7-18 最佳能量沉积位置随功率的变化曲线

由图 7-18 可知,当平均功率与能量沉积位置满足下列关系式时,减阻百分比 $\Delta D/D_{ref}$ 及能量效率达到最大值,即达到最佳的减阻效果。

$$\begin{cases} \dfrac{L}{2R} = \dfrac{P}{2000} + 1.0, & P \leqslant 2500\mathrm{W} \\[2mm] \dfrac{L}{2R} = 2.25, & 2500\mathrm{W} < P \leqslant 5000\mathrm{W} \end{cases} \tag{7-5}$$

当注入功率给定时,可以通过式(7-5)确定能量沉积位置,使减阻百分比和能量效率最大。

## 7.3　环境气体参数对减阻性能的影响

### 7.3.1　来流马赫数对减阻性能的影响

当飞行器在同一高度以不同的速度飞行时,随着来流马赫数 $Ma$ 的变化,钝头体受到的阻力会发生明显的变化。

以半径 $R=6\mathrm{mm}$ 的钝头体为例,平均功率为 $1000\mathrm{W}$、重复频率为 $150\mathrm{kHz}$ 条件下,研究马赫数分别为 $2.5$、$3$、$4$、$5$、$6$、$7$、$8$、$9$ 和 $10$ 情况下激光空气锥减阻效果。在此模拟条件下,能量注入前后钝头体受到的阻力如表 7-2 所示。

表 7-2　不同来流马赫数下钝头体受到的阻力

| $Ma$ | 2.5 | 3 | 4 | 5 | 6 | 7 | 8 | 9 | 10 |
|---|---|---|---|---|---|---|---|---|---|
| $D_{ref}/\mathrm{N}$ | 24.1 | 35.3 | 63.6 | 100.7 | 144.1 | 197.7 | 259.6 | 329.6 | 407.3 |
| $D_{mod}/\mathrm{N}$ | 9.4 | 16.5 | 44.9 | 82.1 | 128.6 | 185.4 | 250.3 | 323.2 | 402.3 |
| $\Delta D/\mathrm{N}$ | 14.7 | 18.8 | 18.7 | 18.6 | 15.5 | 12.3 | 9.3 | 6.4 | 5.0 |

从表中可以看出,钝头体受到的阻力随着马赫数的增大而增大,阻力与马赫数基本成平方关系增长,马赫数为 2.5 时波阻为 24.1N,当马赫数增大到 10 时,阻力增加到 407.3N,可见飞行器在高超声速下飞行时受到的波阻非常大,飞行器的升阻比会随之减小,要想提高和改善飞行器的气动性能,减小波阻是一个非常有效且迫切的需求。注入能量后,钝头体受到的阻力较无能量注入时有所减小。但是由阻力的变化值可以发现,在注入功率一定的条件下,马赫数较小时,阻力的变化值相对较大。

减阻百分比和能量效率随马赫数的变化曲线如图 7-19 所示。从中可以看出:

(1)在所研究的范围内,减阻百分比随着马赫数的增加而减小。当马赫数为 2.5 时,减阻百分比高达 $63\%$,当马赫数为 10 时,减阻百分比只有 $1\%$ 左右,若马赫数继续增加,则减阻百分比会无限趋于 0。因此,若想提高高马赫数时的减阻百分比,要相应地提高注入的激光能量。

(2)能量效率的变化与减阻百分比的变化不同,能量效率与来流马赫数的关系曲线近似于抛物线。当马赫数小于 5 时,能量效率随着马赫数的增加而增加,当马赫数在 5~6 时,能量效率达到最大,约为 14(1400%),随着马赫数的进一步增加,能量效率开始下降,当马赫数为 10 时,能量效率下降到 7。

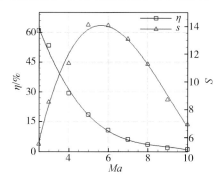

图 7-19  减阻百分比和能量效率随马赫数的变化曲线

下面通过不同马赫数下流场的演化过程,分析减阻性能随马赫数出现上述变化规律的原因。以 $Ma=3$、5 和 8 为例,不同时刻流场的压力云图及流线图如图 7-20 所示(图中:第 1 列为 $Ma=3$;第 2 列为 $Ma=5$;第 3 列为 $Ma=8$)。

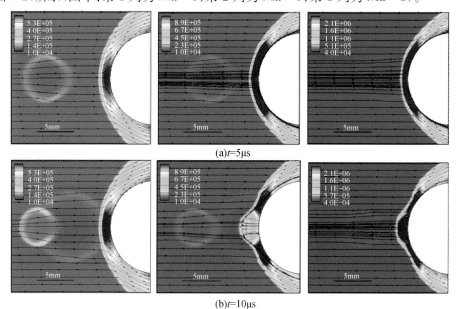

(a)$t=5\mu s$

(b)$t=10\mu s$

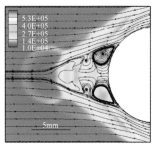 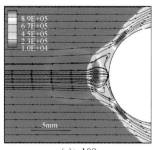 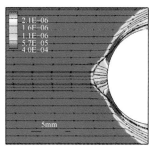

(c)$t$=100μs

图 7-20　不同马赫数下的压力云图和流线图

由图 7-20(a)可以看出,马赫数越大,激波脱体距离越小,相应的钝头体表面压力越大,因此钝头体受到的阻力也就越大。此时,注入能量产生的激波未到达钝头体表面($Ma$=8 刚刚到达弓形激波表面),因此没有对钝头体表面压力产生影响。三种马赫数条件下,钝头体驻点处的压力为 0.65MPa、1.78MPa 和 4.40MPa(马赫数从小到大,与正激波表所查结果误差小于 7%),分别为来流压力的 11.2、30.7 和 75.9 倍。同时从该图还可以看出,马赫数越大,气流速度越大,因此能量沉积产生的激波到达弓形激波所需的时间越短,如图 7-20(a)所示,当 $Ma$=8 时,激波已经到达弓形激波表面,而 $Ma$=3 时激波传播的速度最慢,当 $t$=10μs 时激波才到达弓形激波表面。

如图 7-20(b)所示,$Ma$=5、8 两种情况下由于低密度区与弓形激波作用,弓形激波开始发生形变,向来流上游方向突出,钝头体表面压力开始下降。

当 $t$=100μs 时,流场趋于准稳态,可以看出,在不同的来流马赫数下,形成的流场结构也有一定的区别,如图 7-20(c)所示。来流马赫数较小时($Ma$=3),激波脱体距离增大,且形成了较大的回流区,钝头体表面压力显著下降。由于来流马赫数相对较小,激波传到钝头体表面所需的时间相对较长,因此激波向外传播的距离较远,低密度区面积较大。当爆轰波传播到钝头体表面时,在 $y$ 轴方向低密度区尺寸已经大于钝头体的直径,完全把钝头体包含在其内部,而且在相同的注入激光能量条件下,来流马赫数越小,注入能量与来流内能之比越大,对弓形激波改变的强度也就越大,钝头体阻力的减小量就越大。因此,马赫数越小,减阻百分比越大。但是,此时也正是低密度区尺寸大于钝头体直径使得能量没有完全被利用,因而能量效率不高。当 $Ma$=5 时,由于弓形激波本身强度要强于 $Ma$=3 时对应的激波强度,且在同样激光能量强度下,阻力的变化量相当,如图中所示,能量作用后钝头体表面的压力相对要强,因此阻力减小百分比相对于 $Ma$=3 有所下降。当激波到达钝头体表面时,低密度区尺寸与钝头体直径相当,因此能量效率较高,约为 14。当 $Ma=8$ 时,激波传播到钝头体表面时,其 $y$ 轴方向传播的距离远小于钝头体的直径,只在钝头体驻点附近压力有所下降,在激光空气锥与弓形激波相互作用的 $y$ 向终点,形成高压区,因此钝头体的阻力减小并不多,减阻百分比只有 6% 左右,相比低马赫数严重下降。

从以上来流马赫数对减阻性能影响的分析可知,在单脉冲能量为 10mJ 的情况下,来流马赫数为 5～6 时能量效率最大。下面研究不同能量下来流马赫数对减阻性能的影响,减阻百分比和能量效率随马赫数的变化曲线如图 7-21 所示。

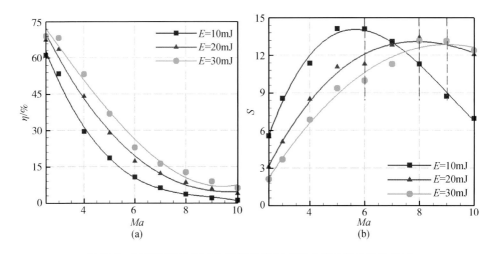

图 7-21 减阻百分比(左)和能量效率(右)随来流马赫的变化曲线

由左图可以看出,在三种能量下,减阻百分比随马赫数的变化趋势相同,马赫数越小,减阻百分比越大,马赫数越大,减阻百分比越趋向于 0。随着注入能量的增加,减阻百分比也随之增加,当入射能量为 30mJ 时,减阻百分比最大为 72% 左右,但是 $\eta$ 增加的速度减慢。由右图可以看出,不同能量下都对应一个马赫数使能量效率最大,也就是说当来流马赫数不同时,都存在一个最佳能量使该飞行环境下能量效率最大。随着注入能量的增大,能量效率最大对应的马赫数分别为 6、8 和 9,也就是说马赫数越大对应的最佳减阻能量越大。

## 7.3.2 飞行高度对减阻性能的影响

当飞行器飞行高度发生变化时,周围的环境参数,如压力 $p$、密度 $\rho$、温度 $T$、黏性系数 $\mu$ 等都会随着飞行高度的改变而改变。因此,在不同的飞行高度,激光能量沉积减阻所获得的效果也不同。当钝头体飞行高度较低时,由于空气相对于高空较稠密,因此钝头体受到的阻力急剧增加。本节对高度 11~25km 的飞行环境下激光能量沉积减阻性能进行研究,其对应的大气参数如表 7-3 所示。

表 7-3　大气参数表

| $h$/km | 11 | 12 | 15 | 18 | 20 | 25 |
|---|---|---|---|---|---|---|
| $P$/kPa | 22.70 | 19.40 | 12.11 | 7.56 | 5.53 | 2.55 |
| $T$/K | 216.77 | 216.65 | 216.65 | 216.65 | 216.65 | 221.55 |
| $\rho$/(kg/m³) | 0.36 | 0.31 | 0.19 | 0.14 | 0.089 | 0.040 |

在来流马赫数为 5 的条件下,模拟了平均功率 $P = 1500\text{W}$、重复频率 $f = 150\text{kHz}$ 的激光在不同高度下对半径 $R = 6\text{mm}$ 的钝头体减阻效果的影响,减阻性能与飞行高度的变化曲线如图 7-22 所示。

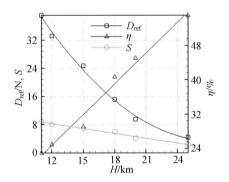

图 7-22　减阻性能随飞行高度的变化曲线

由图 7-22 可以看出,当飞行器处于低空飞行时,由于环境压力较大,空气相对稠密,钝头体前形成的弓形激波强度较大,因此受到的基准阻力随之增大;随着飞行高度的增加,基准阻力基本成二次曲线下降。当飞行高度为 11km 时,基准阻力在 39N 左右,当飞行高度升高到 25km 时,阻力下降到 4.5N 附近。

注入能量后,钝头体受到的阻力会有所下降,由减阻百分比随高度的变化曲线可以看出,当飞行高度较低时,$\eta$ 较小,随着高度飞行的增加,$\eta$ 几乎与高度呈线性关系增长。由 $H = 11\text{km}$ 的 23% 增长到 $H = 25\text{km}$ 的 55% 左右。由于飞行高度越高,气体内能越小,注入能量与内能之比越大,因此对弓形激波破坏程度就越大,所以在相同的注入能量下,飞行高度越高,减阻百分比越大。

能量效率 $S$ 的变化与 $\eta$ 相反,其随着飞行高度的增加线性减小。当飞行高度为 11km 时,阻力变化值相对较大,因此能量效率较高;当钝头体的飞行高度较高时,由于钝头体本来受到的阻力就远小于飞行高度较低的情况,因此注入激光能量后,虽然钝头体的减阻百分比较大,但实际所减小的阻力并不多,同时,注入的激光能量有饱和的趋势,这导致了在飞行高度较高时,能量效率较低。

## 7.4 钝头体尺寸对减阻性能的影响

在与 7.3 节相同的环境下,采用高重频激光能量沉积的方法(单脉冲能量为20mJ,重复频率为 150kHz)对半径为 3mm、4mm、6mm、8mm、12mm 和 16mm 六种尺寸的钝头体进行减阻性能研究。以 $R=4$mm、8mm、12mm 为例,分析减阻特性及流场演化规律。

在准稳态时,钝头体表面的压力分布如图 7-23 所示。

从图中可以看出,当 $R=4$mm 时,钝头体表面压力显著下降,特别是在钝头体驻点上下 30° 范围内;钝头体驻点处相对压力由原来的 8 下降到 2.5 左右。从图中还可以看出,钝头体尺寸越小,表面压力也就越小,当 $R=4$mm 时钝头体整个前表面压力都有所下降,主要是由于钝头体尺寸较小,能量沉积影响的区域相对较大。随着钝头体尺寸的增大,在钝头体表面 50° 以外的范围压力几乎不受影响。

减阻性能随钝头体尺寸的变化曲线如图 7-24 所示。从图中可以看出,在飞行环境相同的情况下,随着钝头体尺寸的增大,受到的阻力几乎成二次方增长。当 $R=3$mm 时,阻力约为 6N,当 $R$ 增大到 16mm 时,阻力为 176N。

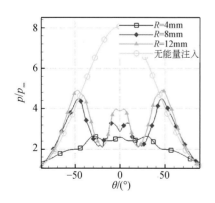

图 7-23 不同尺寸时钝头体表面压力
的变化曲线

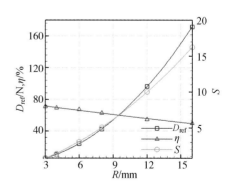

图 7-24 钝头体尺寸对减阻性能的影响

钝头体尺寸越小,减阻百分比越大,但是能量效率越小。当钝头体半径 $R=3$mm 时,能量效率小于 1,当 $R=16$mm 时,能量效率增加到 16。其原因可能是,由于钝头体尺寸越小,要改变的弓形激波结构区域也就越小,在相同的能量下,单位区域的改变量就越大,因此,钝头体尺寸越小,减阻百分比越大。但是由于钝头体尺寸较小,基准阻力也较小,且能量利用不够充分,因此能量效率不高。

## 参 考 文 献

[1]方娟. 激光空气锥减小超声速飞行器波阻的方法研究[D]. 北京:装备学院博士学位论文,2012.

[2]方娟,洪延姬,李倩. 高重复频率激光能量沉积减小超声速波阻的数值研究[J]. 强激光与粒子束,2011,23(5):1158-1162

[3] Fang J,Hong Y J,Li Q. Numerical Analysis of interaction between single pulse laser-induced plasma and bow shock in a supersonic flow[J]. Plasma Science and Technology,2012,14(8):741-746.

[4]Fang J,Hong Y J,Li Q. Effect of high-repetition rate laser energy deposition on the wave drag of a blunt body in hypersonic flow[J]. Lasers in Engineering 2011,21(1-2):169-180.

[5]方娟,洪延姬,李倩. 点火位置对激光等离子体减阻效能的影响[J]. 强激光与粒子束,2010,22(9):2059-2062.

# 第8章　截锥形钝头体的高重频激光空气锥减阻

第5～7章都是针对头部为半球体构形的钝头体模型,研究了单脉冲、连续、高重频激光能量沉积减阻性能,半球体钝度较大,减阻效果较好,而且对模型本身来说,结构相对简单,其参量只有半球体的半径。本章将考虑稍微复杂的构形——截锥体构形。该构形由两个参量决定,分别为截锥半径比和截锥角度。本章的研究将为以后研究更为复杂的钝头体构形减阻规律提供一定参考。

本章仍然采用高重频激光能量沉积的方式,对不同构形的截锥体减阻性能研究结果进行分析讨论,主要考虑不同锥角和不同半径比下激光空气锥减阻的适用性,还将探讨激光能量和沉积位置对减阻效果的影响,期望得到减阻性能较好的激光参数和截锥体构形,并与第7章相关结果进行比较。

## 8.1　截锥体构形及计算条件

研究对象是五组锥角 $\theta$ 不同的截锥形钝头体,每种 $\theta$ 分别对应五种不同的锥体半径比 $R_1/R$。$\theta=30°$ 对应的五种截锥体构形如图 8-1 所示,后接圆柱体半径 $R=10\text{mm}$,上表面半径 $R_1$ 与圆柱体半径 $R$ 之比 $R_1/R$ 从 0(尖锥)变化到 1(圆柱体)。

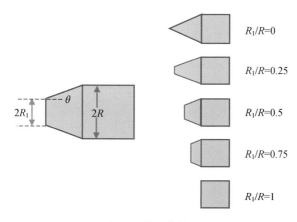

图 8-1　截锥体构形

用于计算 $\theta=30°$、$R_1/R=0.5$ 的截锥体计算区域半纵剖面及流场划分如

图 8-2 所示,采用分区算法,将计算区域划分为三个子区。其中,$x$ 和 $y$ 分别表示轴向和径向,蓝色线段设为滑移固壁边界条件,左边界设为超声速入口边界,模拟环境与第 7 章相同,环境气体参数如表 8-1 所示,上边界和右边界设为出口边界,气流方向从左至右,下边界为对称轴边界。本章模拟的构形及参数如表 8-1 所示,其他构形的计算区域和边界条件的设置方法与该构形相同[1]。

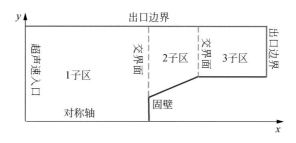

图 8-2　计算区域及边界条件

表 8-1　模拟参数

| $R_1/R$ | 0 | 0.25 | 0.5 | 0.75 | 1 |
|---|---|---|---|---|---|
| $E/mJ$ | 1 | 3 | 5 | 8 | 10 |
| $L/(2R_1)$ | 0.5 | 1.0 | 1.5 | 2.0 | 2.5 |
| $\theta/(°)$ | 15 | 30 | 45 | 60 | 75 |

计算方法与第 7 章相同,在不加说明的情况下,能量沉积点位于中心轴线上,到钝头体驻点处距离 $L/(2R_1)=2.0$,沉积区域为半径 $R=0.2mm$、高 $l=0.4mm$ 的圆柱体;单脉冲激光能量为 5mJ,重复频率为 150kHz,脉宽为 $0.1\mu s$。

## 8.2　激光空气锥减阻适用的截锥体构形分析

### 8.2.1　锥体半径比对减阻性能的影响

本节将对锥角为 30°、$R_1/R$ 分别为 0、0.25、0.5、0.75 和 1 五种构形的激光空气锥减阻性能进行研究。

#### 1. 能量沉积前后激波结构的变化

无激光作用时,不同构形截锥体的压力等值线如图 8-3 所示。从图中可以看出,尖锥体($R_1/R=0.0$)前形成了一道斜激波;而其他构形截锥体前都形成弓形脱体激波,波后形成了高压区。$R_1/R$ 越大,激波脱体距离 $\delta$ 越大,激波脱体距离如表 8-2 所示。从表中可以看出,激波脱体距离 $\delta$ 随 $R_1/R$ 的增大几乎呈线性增大,激波脱体距离 $\delta$ 与截锥上表面半径 $R_1$ 之比几乎不变。当 $R_1/R$ 在 $0\sim0.75$ 变化时,$\delta/R_1$ 约为 $0.76$,当 $R_1/R=1$ 时,$\delta/R_1$ 稍小,为 $0.74$。因此,在超声速流场中,锥角相同的条件下,激波脱体距离与截锥上表面半径之比 $\delta/R_1$ 为常数。

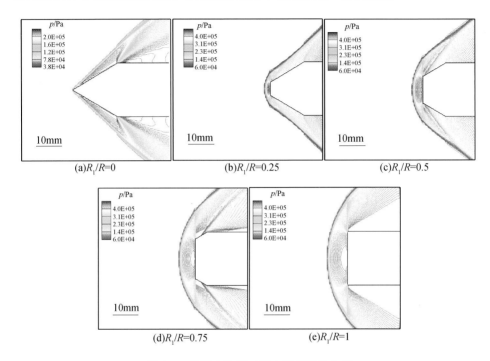

图 8-3 无激光作用时压力等值线分布图

能量沉积后流场的压力等值线如图 8-4 所示。从图中可以看出,随着能量的注入,截锥体表面的压力较无能量沉积时显著下降;弓形激波向流场上游突出,形成阻力较小的斜激波,阻止了超声速气流直接作用到钝头体表面,因此减小了对钝头体表面的压力;随着 $R_1/R$ 的增大,$\delta_1$(能量沉积后激波脱体距离用 $\delta_1$ 表示)增大。如表 8-2 所示,激波脱体距离由 $4.7\text{mm}(R_1/R=0.25)$ 增加到 $25.2\text{mm}(R_1/R=1)$,相对于无能量沉积时脱体距离分别增加了 $146\%\sim240\%$。

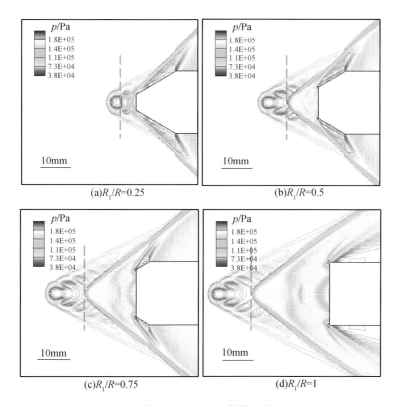

图 8-4 激光注入后压力等值线分布图

**表 8-2 能量沉积前后的激波脱体距离**

| | $R/R_1$ | 0.25 | 0.5 | 0.75 | 1 |
|---|---|---|---|---|---|
| | $\delta$/mm | 1.91 | 3.8 | 5.8 | 7.4 |
| 无激光 | $\delta/R_1$ | 0.764 | 0.76 | 0.76 | 0.74 |
| | $\delta_1$/mm | 4.7 | 9.8 | 16.7 | 25.2 |
| 有激光 | $\delta_1/R_1$ | 1.88 | 1.96 | 2.23 | 2.52 |
| | $\Delta\delta$/% | 146 | 158 | 188 | 240 |

2. $R_1/R$ 对减阻性能的影响

截锥体的波阻随 $R_1/R$ 的变化曲线如图 8-5 所示。从图中可以看出,随着 $R_1/R$ 的增大,基准阻力 $D_{ref}$ 急剧增大,由 46N($R_1/R=0$)增加到 123N($R_1/R=1$)左右。

减阻百分比和能量效率随 $R_1/R$ 的变化趋势如图 8-6 所示,两者都随着 $R_1/R$

的增大而增大,当 $R_1/R=0.25$ 时,阻力减小不明显,阻力减小了 $3\%$,能量效率小于 1;当 $R_1/R=1$ 时,阻力急剧下降,减小了 $80\%$,能量效率高达 70。因此,对于截锥体构形,$R_1/R$ 越大,减阻百分比和能量效率也就越大,也就是说能量沉积减阻方法对 $R_1/R$ 大的截锥体更有效。

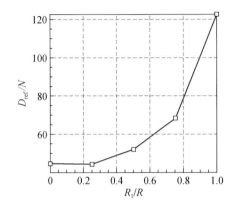

图 8-5　基准阻力随 $R_1/R$ 的变化曲线

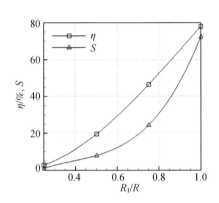

图 8-6　减阻百分比和能量效率随 $R_1/R$ 的变化曲线

能量沉积前后不同 $R_1/R$ 的流场压强分布云图如图 8-7 所示,其中上图为能量沉积前的流场情况,下图为能量沉积后流场相对稳定时的情况。

高重频能量沉积后,$R_1/R$ 较大的截锥体头部附近出现了比较显著的回流区,弓形激波脱体距离也显著增大。不同 $R_1/R$ 的截锥体在不同激光功率条件下对应的减阻百分比和能量效率如图 8-8 所示。对于同一个 $R_1/R$,激光功率越高,减阻百分比越高,能量效率越低。随着 $R_1/R$ 的不断增大,减阻百分比出现峰值,能量效率则不断提高。激光功率的增大可以提高减阻百分比,但是能量效率随之降低。

## 8.2.2　截锥角度对减阻性能的影响

保持 $R_1/R=0.5$,$R=10\text{mm}$ 不变,数值仿真锥角分别为 $15°、30°、45°、60°$ 和 $75°$ 五种情况、高重频条件下激光空气锥的减阻效果。

### 1. 流场结构随截锥角度的变化

五种角度下能量沉积前后流场的压力等值线如图 8-9 所示(上图为能量沉积前,下图为能量沉积后)。

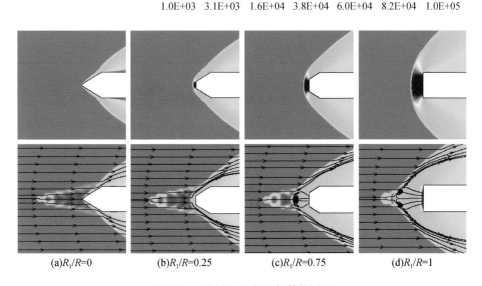

图 8-7　不同 $R_1/R$ 的流场结构对比

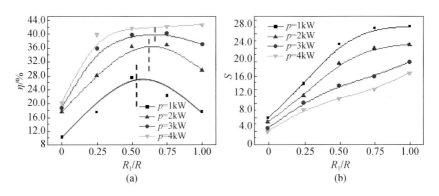

图 8-8　不同 $R_1/R$ 下的减阻性能($f=200\text{kHz}, L/D=2$)

　　由图可知,无能量注入时,锥角较小的截锥体上表面压力较大,斜面压力相对较小,主要是由于锥角较小,斜面处的激波可以认为是斜激波,根据斜激波计算关系式可知,波后压力较小。随着锥角的增大,斜面压力也逐渐增大,此时包裹斜面的激波几乎为正激波,波后压力相对较大,因此产生的阻力也随之增大。从等值线图中可以清晰地看到能量注入后激波结构及表面压力的变化趋势:当 $\theta=15°$ 和 $30°$ 时,激波脱体距离的变化基本相同,随着 $\theta$ 的增大,激波脱体距离随之增加;同时发现,能量注入主要减小了钝头体上表面的压力,斜面压力的变化不大。

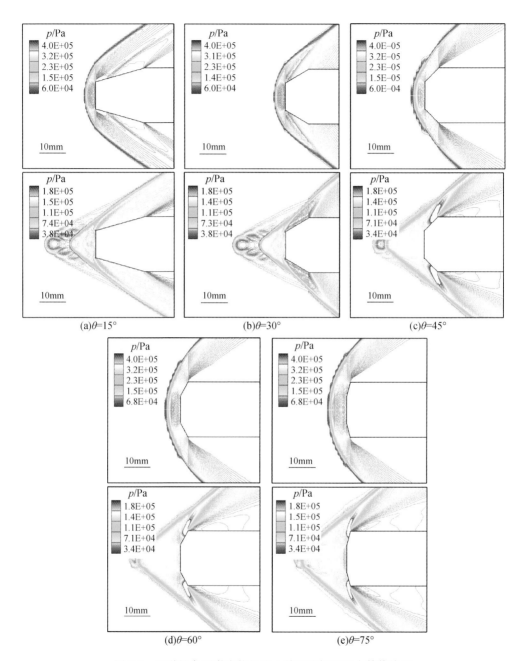

图 8-9　五种锥角下激光能量注入前后流场的压力等值线图

能量注入前，不同锥角截锥体上表面压力的径向分布如图 8-10 所示。从图中可以看出，锥体上表面中心点压力最高，沿径向压力逐渐降低。当锥角为 15°和 30°时，两种截锥体上表面压力变化趋势完全相同，呈二次曲线下降趋势，且压力大小也几乎相同，对于这两种截锥体，上表面受到的阻力基本相同。随着锥角的增加，当 $\theta=45°$时，压力还是基本保持了原来的变化趋势，但是压力幅值较之前明显降低；当锥角大于 45°时，压力呈增大趋势。

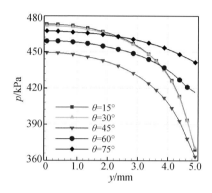

图 8-10　无能量注入时不同锥角截锥体上表面的压力分布

能量注入后截锥体上表面压力的径向分布如图 8-11 所示。由于能量的注入，钝头体表面压力显著下降，锥角为 15°的截锥体中心点压力由原来的 474kPa 下降到 180kPa，下降了 62％，锥角为 75°的钝头体中心点压力也由原来的 468kPa 下降到 198kPa，降低了 57.7％。由以上数据可以看出，无论是在哪种锥角下，高重频激光减阻效果是非常显著的。但是从图中还可以看出，在模拟的五种不同锥角下，能量作用后，截锥表面压力的分布趋势基本可以分为两类：一是当锥角较小时（15°和 30°），表面压力随着 $y$ 值的增大先减小，当 $y$ 为 3.5 时压力达到最小值，分别约为 153kPa 和 159kPa，随后压力快速增加，由于能量沉积产生的激波与截锥体前激波作用产生的二次激波作用在截锥体上，因此截锥外边缘处压力高于中心点处压力；二是当锥角较大时（45°、60°和 75°），压力随着 $y$ 值的增加呈单调减小趋势，锥角越小，截锥体表面的压力也就越小，且在 $\theta=45°$时，截锥体表面的压力保持 170kPa 左右，整体变化不大。

**2. 不同截锥角度下能量注入的减阻性能分析**

前面分析了能量注入前后截锥体上表面压力的径向分布规律，在了解了上表面压力的分布规律后，下面将进一步分析截锥体阻力的变化规律。能量注入前后

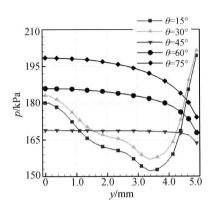

图 8-11 能量注入后截锥体上表面压力的径向分布图

截锥体阻力随锥角的变化曲线如图 8-12 所示。从图中可以看出,随着角度的增大,截锥体受到的基准阻力呈二次曲线增加趋势,当 $\theta = 15°$ 时,截锥体受到的基准阻力只有 36N 左右,当 $\theta$ 增加到 75°时,基准阻力达到了 115N。

图中绿色曲线表示能量注入后,截锥体受到的阻力随锥角的变化趋势。从图中可以看出,能量注入后阻力随锥角也呈单调增加趋势,但是随着角度的增加,阻力增大幅度减慢。锥角为 15°时气动阻力从 36N 减小到 19N 左右,减小了 17N。在相同的能量注入条件和环境参数下,75°截锥体阻力变化更为明显,由原来无能量注入时的 115N 减小到 50N 左右,减小了 56.5%。从图中可以看出,在此模拟条件下,除锥角为 15°的截锥体外,其他角度下能量注入后的阻力基本保持在 45N 左右,也就是说 30°、45°、60°和 75°四种截锥体能量注入后受到的阻力基本相同。图 8-13 给出了减阻百分比和能量效率随锥角的变化曲线。

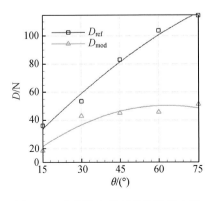

图 8-12 能量注入前后截锥体阻力随
角度的变化曲线

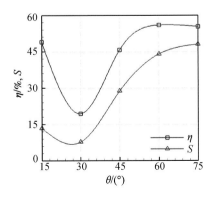

图 8-13 减阻百分比和能量效率随锥
角的变化曲线

从图中可以看出,除锥角为 30° 外,其他四种情况下减阻百分比都在 45% 以上,而 $\theta = 30°$ 时减阻百分比最小,只有 20%。能量效率的变化趋势与减阻百分比基本相同,都是随着锥角的增大先减小后增大。当 $\theta = 75°$ 时能量效率最大,为 4500%。

### 8.2.3　截锥体减阻的实验研究

在马赫数为 5 的高超声速激波风洞中沉积 200mJ 的单脉冲激光能量,截锥体 $R_1/R = 1$,能量沉积点到截锥体驻点的距离与截锥体直径相当。采用高精度纹影系统,曝光时间设为 500ns,获得不同时刻截锥体前流场演化过程的照片如图 8-14 所示。

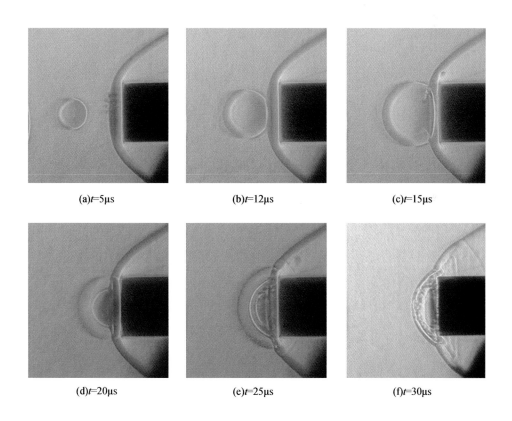

(a)$t$=5μs　　　　(b)$t$=12μs　　　　(c)$t$=15μs

(d)$t$=20μs　　　　(e)$t$=25μs　　　　(f)$t$=30μs

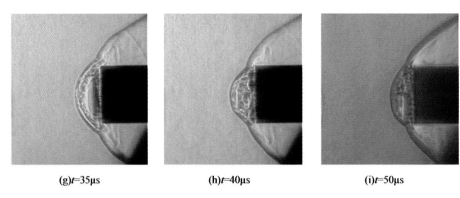

(g)$t$＝35μs        (h)$t$＝40μs        (i)$t$＝50μs

图 8-14 截锥体前流场演化过程纹影照片

从图中可以看出，由于截锥体较半球体钝度大，因此弓形激波脱体距离较半球体大。瞬态流场的发展过程与半球体基本相同，大致分为三个阶段。

第一阶段：从激光沉积产生爆轰波到两者开始相互作用。当 $t$＝5μs 时，从纹影照片中可以清晰地看到激光击穿空气形成的爆轰波，爆轰波向外演化，此时爆轰波的直径约为 12mm，计算得到前 5μs 爆轰波演化的平均速度约为 1.26km/s，且在高速来流的作用下，爆轰波向下游移动；此时低密度区、爆轰波及弓形激波在流场中是相互独立的。从图中可以看出，垂直方向的刀口可以获得清晰的激波密度梯度照片。当 $t$＝12μs 时，爆轰波刚好达到弓形激波表面，两者相互作用形成透射波，此时透射波尚未到达钝头体表面，没有对表面压力产生影响。当 $t$＝15μs 时，爆轰波到达钝头体表面并被反射，升高了驻点附近的压强。

第二阶段：低密度区与弓形激波作用过程（阻力减小）。当 $t$＝20μs 时，激光能量沉积产生的高温低密度区开始与弓形激波作用。当 $t$＝20～40μs 时，高温低密度区内当地马赫数降低，导致弓形激波发生形变并向上游突出，被 Levin 称为透镜效应。当 $t$＝40μs 时，可以清晰地看到热湍流结构，随后变形的弓形激波开始恢复。

第三阶段：作用结束，弓形激波逐渐恢复。从 $t$＝50μs 开始，弓形激波向钝头体方向移动，最终流动基本恢复到定常时的状态。

在高重频激光减阻方面，Sasoh 等[2,3]利用最大频率为 80kHz、单脉冲能量为 5.0mJ 的激光能量，在马赫数为 1.94 的流场中对多种半径比的截锥体进行了减阻实验研究。其风洞实段尺寸为 80mm×80mm，实验时间为 10s，来流静压为 13.8kPa，静温为 163K。Nd:YO$_4$激光器波长为 1047nm，脉宽为 10ns。利用 PCB H112A21 型传感器测量截锥体驻点压力，响应时间为 1μs，灵敏度为 7.02mV/Pa。

采用单轴阻力测量系统,精度优于 4%。高速相机为 Shimadzu HPV-1,曝光时间为 $1\mu s$,帧频为 $4\mu s$。截锥体采用轴对称构型,直径为 20mm,半角为 15°。图 8-15 为未施加激光能量时四种截锥体构型下的激波结构纹影照片,除 $R_1/R=0$ 情况外,其余三种弓形激波的脱体距离几乎相同,呈现出比较显著的相似性。

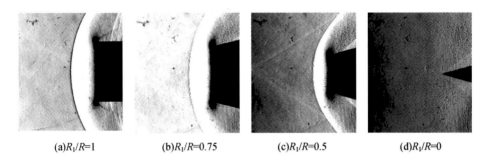

(a)$R_1/R=1$　　(b)$R_1/R=0.75$　　(c)$R_1/R=0.5$　　(d)$R_1/R=0$

图 8-15　未施加激光能量时的激波结构纹影照片

在弓形激波上游,施加重频为 80kHz、单脉冲能量为 5mJ 的激光能量,得到的流场结构纹影照片如图 8-16 所示。高重频激光在截锥体上游形成了空气锥,引起弓形激波脱体距离由 $0.9R$ 左右增大到 $1.2R$ 左右,截锥体驻点压力由 74kPa 减小到 49kPa。

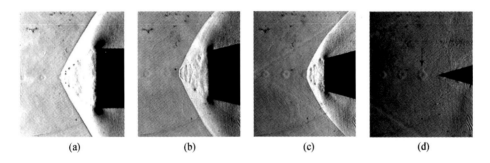

(a)　　　　　(b)　　　　　(c)　　　　　(d)

图 8-16　施加高重频激光能量时的激波结构纹影照片

在 5mJ 和 7.2mJ 两种单脉冲能量条件下研究得出如下结论:减阻百分比随激光频率的提高而提高,其原因是激光频率的提高可延长截锥体上游产生的涡的持续时间,使其减阻效果更加显著。基于此思路,Sasoh 等转而研究截锥体表面曲率对减阻效果的影响,因为恰当的截锥体迎风面凹坑也可以起到延长涡持续时间的作用,研究结果证实了他们的猜想,如图 8-17 所示,其中 $C_D$ 为阻力系数。截锥体受到的阻力在能量沉积后均有所减小,减小百分比随着 $R_1/R$ 的增加而增加,如图 8-18 所示,该结论与本书的研究结论相符。

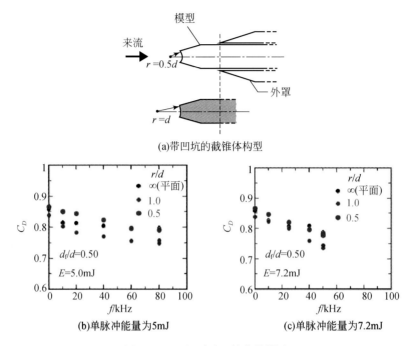

(a)带凹坑的截锥体构型

(b)单脉冲能量为5mJ

(c)单脉冲能量为7.2mJ

图 8-17 凹坑对减阻性能的影响

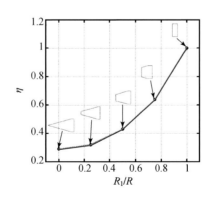

图 8-18 不同半径比条件下的减阻百分比

## 8.3 激光参数对截锥体减阻特性的影响研究

8.2 节研究了注入能量相同的情况下,高重频激光对不同构形截锥体减阻效果的影响。本节将研究钝头体构形保持不变时,激光参数(单脉冲能量、能量沉积位置)对减阻性能的影响。采用的钝头体锥角为 $15°$, $R_1/R=0.5$, 其中 $R=10\text{mm}$。

### 8.3.1　单脉冲能量对减阻性能的影响

数值模拟中保持激光重复频率为 $150\text{kHz}$ 不变, 能量沉积点到截锥体驻点处距离 $L/(2R_1)=2.0$, 分别研究单脉冲能量为 $1\text{mJ}$、$3\text{mJ}$、$5\text{mJ}$、$8\text{mJ}$ 和 $10\text{mJ}$ 五种情况下能量沉积对减阻效果的影响。图 8-19 给出了流场的压力、密度及密度梯度云图。

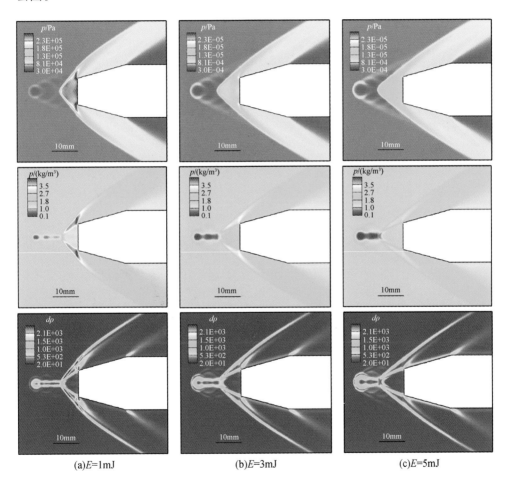

(a)$E=1\text{mJ}$　　　　　　　(b)$E=3\text{mJ}$　　　　　　　(c)$E=5\text{mJ}$

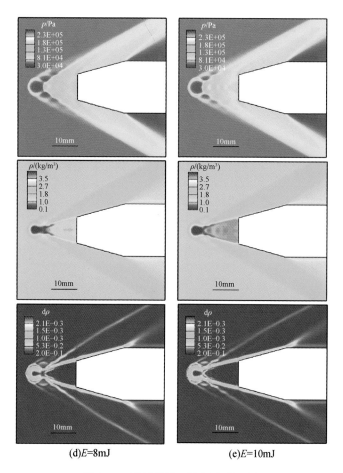

(d)$E=8$mJ　　　　　　　　(e)$E=10$mJ

图 8-19　不同能量下流场参数云图

从压力云图可以看出,随着单脉冲能量的增大,截锥体上表面压力逐渐降低,其具体变化趋势如图 8-20 所示。主要是由于随着能量的增大,能量沉积产生的激波强度和传播的速度也随之增大。激波强度越大,传播速度越快,干扰区域也就越大,因此从图 8-19 中可以看出,单脉冲能量越大,形成的斜激波包围的尺寸也就越大。从云图中还可以看出,随着单脉冲能量的增大,激波脱体距离增大,当 $E=1$mJ 时,激波脱体距离为 6.6mm,当能量增加大 10mJ 时,脱体距离增加到 14.3mm,增加了一倍多。

由密度云图可知,能量越大,对其下游流场的干扰越严重,扰动区的密度越小;随着能量的增大,低密度区在垂直于流向上的尺寸也越大。同时还可知,截锥体前区域密度也随着能量的增大而减小,由密度和密度梯度云图可以看出,在截锥体前端形成一稳定的空气锥结构,气流遇到尖锥发生偏转,减小了钝头体飞行器在超声速飞行过程中的波阻。随着能量的增大,尖锥的锥角变小,因此随着注入能量的增大,同一构形受到的阻力减小。

图 8-21 给出了减阻百分比和能量效率随单脉冲能量的变化曲线。从图中可以看出,减阻百分比随着能量的增大而增大,与上面云图定性分析结果一致。当单脉冲能量为 1mJ 时,减阻百分比约为 30%,当单脉冲能量增加到 10mJ 时,减阻百分比为 60%。随着能量的增加,减阻百分比趋于稳定。同时发现,能量增加了 9 倍,减阻百分比增加了 1 倍,因此,能量效率随着能量的增加是减小的。当 $E=1$mJ 时,能量效率高达 40,而当 $E=10$mJ 时,能量效率约为 10。由此可知,在其他条件相同的情况下,减阻百分比随单脉冲能量增大,当能量大于一定值时,阻力基本保持不变,能量效率随着单脉冲能量的增大而减小。

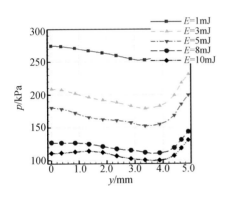

图 8-20　不同能量下截锥体上表面压力
的径向分布曲线

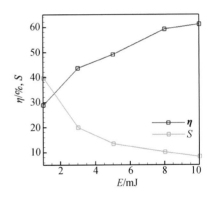

图 8-21　减阻百分比和能量效率随
能量的变化曲线

通过对半球体构形及截锥体构形的研究发现,对于不同的构形,激光能量对减阻性能的影响基本相同,都是随着能量的增大减阻百分比增大,当能量大于一定值时,减阻百分比趋于稳定,而能量效率则随着能量的增大而减小。

### 8.3.2　能量沉积位置对减阻性能的影响

能量沉积位置是影响减阻性能的重要参数之一,本节模拟 $L/(2R_1)=0.5$、1.0、1.5、2.0 和 2.5 五种情况下能量沉积位置对减阻性能的影响。模拟对象是锥角为 30°、$R_1/R=0.5$、$R=10$mm 的截锥体,单脉冲激光能量为 5mJ,重复频率为 150kHz,能量沉积区域是半径为 0.2mm、高为 0.4mm 的圆柱体。不同能量沉积位置,截锥体受到的阻力随时间的变化曲线如图 8-22 所示。

由阻力变化曲线可以看出,当 $L/(2R_1)=0.5$ 时,阻力呈现周期性振荡,振荡周期约为 $75\mu s$;其他沉积位置在能量注入后 $1000\mu s$ 阻力基本达到稳定状态。从图中可以看出,钝头体受到的阻力随着沉积位置远离先减小,在 $L/(2R_1)=2.0$ 处阻力达到最小值,随着 $L/(2R_1)$ 进一步增大,阻力也随之增大。

减阻百分比和能量效率随沉积位置的变化规律如图 8-23 所示。红色线条表示能量沉积后截锥体受到的平均阻力值,从图中可以看出,阻力在 $L/(2R_1)=2.0$ 处达到最小值 40N,当 $L/(2R_1)=0.5$ 时,阻力平均值约为 53N,阻力减小不明显。减阻百分比和能量效率随沉积位置的变化趋势基本相同,均在 $L/(2R_1)=2.0$ 处达到最大值,减阻百分比为 $26\%$,对应的能量效率 $S$ 为 11。

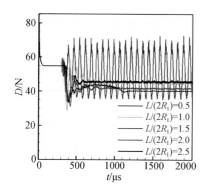

图 8-22　不同能量沉积位置对应的
阻力随时间的变化曲线

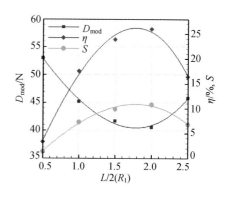

图 8-23　减阻参数随能量沉积位置
的变化曲线

当 $L/(2R_1)=0.5$ 时,阻力出现周期性振荡,在前面研究中也出现了类似的情况。下面通过描述截锥体流场演化过程,分析阻力振荡的原因。一个振荡周期内的压力云图如图 8-24 所示。

从图中可以看出,当 $t=811\mu s$ 时,激波 W1 脱体距离最大,W2 达到完全膨胀状态,且在钝头体表面形成回流区,此时截锥体表面压力最小,因此截锥体受到的阻力最小,如图 8-25 所示。当 $t=825\mu s$ 时,激波 W2 向下游移动,回流区消失,阻力开始增大。当 $t=833\mu s$ 时,激波 W1 向斜激波转变,激波 W2 继续向下移动,由 A 时刻的由外向内的回流变成 C 时刻由内向内的回流。当 $t=842\mu s$ 时,截锥体前形成了较大的回流区,且由于 W1 与 W2 作用形成了明显的斜激波,因此此时激波阻力达到最大。随后 W1 开始侧向膨胀,且 W1 由斜激波向正激波转变,激波侧向膨胀的原因是为了使波 W1 后的高压区与回流低压区达到平衡。当 $t=886\mu s$ 时流场再次回到 A 状态。

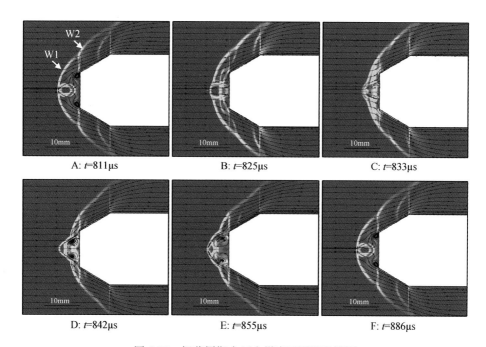

图 8-24　振荡周期内压力梯度云图及流线图

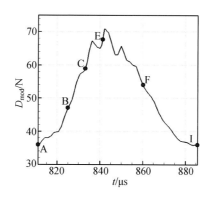

图 8-25　一个振荡周期内阻力的变化曲线

　　在某些情况下,能量沉积会导致钝头体阻力出现振荡,如前面所描述的情况,在能量沉积点到钝头体驻点距离较近时,阻力出现振荡,此处只是简单地分析了振荡的过程,但是产生振荡的根本原因及影响因素需要进一步研究。

### 参 考 文 献

[1] 方娟. 激光空气锥减小超声速飞行器波阻的方法研究[D]. 北京:装备学院博士学位论

文,2012.

[2]Sasoh A,Kim J H,Yamashita K,et al. Fly by light power:improvement of supersonic aerodynamic performance with high-repetitive-rate energy depositions: examination of truncated cones[R]. AIAA,2011-3999.

[3]Sakai T. Supersonic drag performance of truncated cones with repetitive energy depositions [J]. International Journal of Aerospace Innovations,2009,1(1):31-43.

# 第9章 激光空气锥减阻的相似规律

由第4章～第7章的内容可知,影响激光空气锥减阻性能的参数和因素较多,包括激光能量大小、脉冲重复频率、能量沉积位置、飞行高度、来流马赫数及飞行器模型几何尺寸和构形等。在研究过程中,只能假设除了其中某一特定参数、其他参数不发生变化来研究这一特定参数的变化对减阻性能的影响。这样就使得研究没有宏观性,只能得到片面的结果。为解决这一问题,可利用相似理论与量纲分析,将能够影响减阻性能的所有参数组成一个无量纲相似性参数,只研究该相似性参数对减阻性能的影响。

实验研究是探索流动规律和解决工程实际问题的重要手段,相似理论和量纲分析是指导实验研究的理论基础。对流体力学而言,实验主要分为两种:一种是工程性的模型实验,如流体机械的模型实验和飞行器的风洞实验等,这些实验设计、模型制造、数据处理等都是按照相似理论进行的;另一种是探索性的研究实验,通过实验探索流体的运动规律,特别是那些很难从理论上进行分析的复杂流动,如本书中的高超声速飞行器激光空气锥减阻所涉及的复杂流动,其基础则为量纲分析。

## 9.1 相似理论与量纲分析

### 9.1.1 相似理论

许多流体力学问题很难利用数学方法去解决,必须通过实验来研究。然而直接实验方法有很大的局限性,其实验结果只适用于某些特定条件,并不具有普遍意义,因而即使花费巨大,也很难揭示问题的本质并描述其中各个量之间的规律性关系。还有许多流动现象不宜进行直接实验,例如飞机太大,不能在风洞中直接研究全尺寸飞机的飞行问题。因此,人们希望用缩小或放大的模型来进行模拟研究。那么人们最关心的问题就是,从模型的实验结果所描述的物理现象能否真实再现原型的流动现象。如果要使从模型实验中得到的精确的定量数据能够准确代表对应原型的流动现象,就必须在模型和原型之间满足下述的相似性。

对于所研究的超声速飞行器的激光空气锥减阻而言,主要研究的是气体的运动规律,气体属于流体的一种,因此所涉及的相似即为力学相似。所谓力学相似,是指模型流动与原型流动在对应点上的对应物理量都具有一定的比例关系。具体来说,力学相似包括几何相似、运动相似和动力相似三方面。

几何相似是指模型流动与原型流动具有相似的边界形状,一切对应的线性比例尺成比例,对应的角度相等;运动相似是指模型流动与原型流动的流线几何相似,而且对应点上的速度方向相同,大小成比例;动力相似是指模型流动与原型流动受同种外力作用,而且对应点上力的方向相同,大小成比例。在几何相似、运动相似和动力相似中,只需将模型按比例放大或者缩小就可以满足几何相似,动力相似是流动相似的主导因素,只有动力相似才能保证运动相似,从而达到流动相似。

几何相似是运动相似和动力相似的前提和依据,动力相似是决定两个流动相似的主导因素,运动相似是几何相似和动力相似的表现。凡相似的流动,必是几何相似、运动相似和动力相似的流动。

理论上,任意一个流动都由控制该流动的基本微分方程和相应的定解条件唯一确定。两个相似的流动现象,为了保证它们遵循相同的客观规律,其微分方程就应该相同,这是同类流动的通解;此外,要求得某一具体流动的特解,还要求其单值性条件也必须相似。这些单值性条件包括:

(1)初始条件,指非定常流动问题中开始时刻的流速、压力等物理量的分布;对于定常流动不需要这一条件。

(2)边界条件,指所研究系统的边界上(如进口、出口及壁面处等)的流速、压力等物理量的分布。

(3)几何条件,指系统表面的几何形状、位置及表面粗糙度等。

(4)物理条件,指系统内流体的种类及物性,如密度、黏度等。

因此,如果两个流动相似,那么作为单值性条件相似,作用在这两个系统上的惯性力与其他各力的比例应对应相等。在流体力学问题中,若存在惯性力、重力、压力、黏性力、弹性力和表面张力这六种力,而且满足动力相似,则必须使惯性力与其他五种力之间的比例对应相等。

两个流动要实现动力相似,作用在对应点上的各种力的比例尺要满足一定的约束关系,这种约束关系称为相似准则。动力相似意味着在模型流动和原型流动中,各相似准则必须分别相等。然而,要使模型流动和原型流动达到完全的动力相似实际上是做不到的,因此流体力学中寻求的是主要动力相似,即看对流体运动起主要作用的是哪种作用力,从而选择相应的近似模型。近似模型法主要包括三种。

1)弗劳德(Froude)模型法

弗劳德数表征了惯性力与重力之比。在水利工程及明渠无压流动中,重力占主要地位,黏性力作用不显著甚至有时不起作用,此时采用弗劳德模型法。

2)雷诺(Reynolds)模型法

雷诺数表征了相似流动中惯性力与黏性力之比。管中有压流动中,流体在压力差的作用下克服管道摩擦向前流动,此时黏性力决定着压差的大小及管内流动的性质,重力变为次要因素。管道流动、液压技术、水力机械等方面的模型实验大都采用雷诺模型法。流动的雷诺数小,表示与惯性力相比,黏性摩擦力的量级要大得多,因此可以忽略惯性力的作用;反之,则表示惯性力其主导作用,因此可以当做无黏流体处理。

3)欧拉(Euler)模型法

黏性流动中存在一种特殊现象,当雷诺数增大到一定值后,黏性力的影响相对减弱,此时继续增大雷诺数不再对流动现象和流动性能产生影响,尽管此时雷诺数不同,但黏性效果相同,这种现象称为自动模型化。也就是说,研究雷诺数处于自动模型区时的黏性流动,不满足雷诺数准则也会自动出现黏性力相似,此时黏性力可不必考虑。若是管中流动或是气体流动,则重力也不必考虑。欧拉模型法适用于自动模型区的管中流动、风洞实验及气体绕流等。

## 9.1.2　量纲分析

在研究力学现象时,要引进一系列概念,如能量、速度、应力等,他们表征所研究的现象,而本身则可以用数给出和确定。所有关于运动和平衡的问题,都可以表达为对表征现象的量确定某些函数和数值的问题,并且在求解这些问题时,自然定律和各种几何关系都表示为函数方程——通常是微分方程的形式[2]。

在做纯理论研究时,这些方程用来确立运动的一般定性性质,以及结合各种数学运算计算出未知的函数关系。但是,力学研究并不总是可以通过数学推理和计算来实现。在许多情况下,求解力学问题遇到了难以克服的数学困难。往往人们根本没有这些问题的数学表达,因为所研究的力学现象是如此复杂,以至于对它还没有满意的模型,还没有运动方程组。在求解航空力学、流体力学领域中的许多非常重要的问题和研究各种结构的强度和变形等问题中,也经常遇到这种情况。在这些情况下,实验研究的方法起着主要作用,它使人们有可能弄清最简单的经验事实。一般地说,对自然现象的一切研究都是从弄清最简单的经验事实入手,根据这些事实可以确立支配所研究现象的规律,并将它们写成数学表达式的形式。

为了正确地提出实验方案和处理实验数据,使其结果能够用来建立一般的规律性,并能够应用于没有直接做过实验的场合,就必须深入地理解所研究问题的本质,并做出一般的定性分析。此外,实验方案本身(实验结果表现为一系列数据,反映所研究的现象各方面的特性)也只有在事先的理论分析的基础上才能够提出,在安排实验时,正确地选取无量纲参数非常重要,无量纲参数的数目应尽可能少,而被选定的参量又应以最合适的形式反映出基本效应。

量纲与相似理论提供了进行这种事先的定性理论分析和选取无量纲主定参量组的可能性。该理论可以用来研究极其复杂的现象,并且大大简化了实验数据的处理工作。不仅如此,目前要卓有成效地提出实验和处理实验结果,不考虑相似与量纲问题是不可思议的。有时,在某些复杂现象的开始研究阶段,量纲理论是唯一可行的理论方法。然而,也不应过高估价这种方法所起的作用。利用量纲理论所能得到的结果是有限的,并且在许多情况下是非实质性的。另外,认为量纲理论一般不可能给出重要结果的看法也是完全错误的。将相似理论与从实验得出的或通过数学途径从运动方程得出的启示结合起来,有时可以得出相当重要的结果。通常,无论在理论上还是在实践上,量纲与相似理论都带来很多效益。利用这一理论所获得的所有结果总是用十分简单、初等的方法表达并且容易得到。尽管如此,将量纲与相似理论方法应用于新问题时,则要求研究人员有相当丰富的经验和对所研究现象的本质有透彻的了解。

有些现象依赖于大量参量,而其中有些参量在一定情况下变得无关紧要。在研究这些现象时,用量纲理论可以得出特别有价值的结论。后面将举例说明这些情形。在模拟各种现象时,量纲与相似理论方法起着特别大的作用。

一个量,若其数值依赖所采用的尺度,即依赖于量度单位制,则此量称为有量纲量或名数;一个量,若其数值与所采用的量度单位制无关,则此量称为无量纲量或不名数。例如,长度、时间、力、能量、力矩等是有量纲量;角、两个长度之比、长度的平方与面积之比、能量与力矩之比等是无量纲量。

有量纲量与无量纲量的概念是相对的,可以采用各种各样的量度单位。于是,一个量,若在所有被采用的量度单位制中其量度单位都相同,则称之为无量纲量;一个量,若在实验或理论研究中实际上或潜在地允许有不同的量度单位,则称之为有量纲量。由该定义可见,有些量,在一些情况下可以看做是有量纲量,而在另一些情况下则可以看做是无量纲量。

在实践中,对三个量建立量度单位就够了。究竟取哪三个,要视各个问题的具体条件而定。在不同的问题中以取不同量的量度单位作为基本单位为宜。

通过基本量度单位表示的导出单位的表达式称为量纲。量纲可用符号写成公式的形式,其中长度单位的符号记作字母 L,质量单位的符号记作 M,时间单位的符号记作 T。只有在确定的量度单位制中才能谈论量纲。例如,面积的量纲是 $L^2$,速度的量纲是 $L/T$,在绝对单位制中力的量纲是 $ML/T^2$,而在工程单位制中则为 K。

以后将使用麦克斯韦引进的符号,即用[$a$]来记任一量 $a$ 的量纲。基本量度单位的数目不一定要等于3,也可以取三个以上的基本单位。例如,可以通过实验建立长度、时间、质量和力这四个量的相互独立的量度单位。这时,牛顿方程取如下形式:

$$F = cma \tag{9-1}$$

式中,$F$ 为力;$m$ 为质量;$a$ 为加速度;$c$ 为具有量纲

$$[c] = \frac{KT^2}{ML} \tag{9-2}$$

的常数。

在这样选取基本单位时,在力学量的量纲公式中一般情况下将有四个自变量。上面给出的方程中的系数 $c$ 是物理常数,类似于重力加速度 $g$ 或下列万有引力定律中的引力常数 $\gamma$,满足下列公式:

$$F = \gamma \frac{m_1 m_2}{r^2} \tag{9-3}$$

式中,$m_1$ 和 $m_2$ 为两个质点的质量;$r$ 为两个质点之间的距离。系数 $c$ 的数值同基本量度单位的选取有关。

如果认为常数 $c$ 是等于1或不等于1的不名数(只指在所有的量度单位制中 $c$ 都取同一数值),那么这样一来,力的量纲就通过质量、长度和时间决定,并且力的量度单位将由质量、长度和时间的量度单位唯一确定。

一般通过引进一些附加的物理常数就可以用试验方法对 $n$ 个量($n>3$)选取相互独立的量度单位,但这时应引进 $n-3$ 个附加的有量纲的物理常数。在这种情况下,导出量的(量纲)公式一般将包含 $n$ 个自变量。

在研究力学现象时,只要引进三个独立的基本量度单位就够了,即长度、质量(或力)和时间的量度单位。在研究发生机械能转化为热能的现象时,必须补充引进两个有量纲的物理常数。其中,一个是热功当量 $J=427$ 公斤米/千卡,而另一个为比热 $c$(卡/米$^3$·度)或者气体常数 $R$(米$^2$/秒$^2$·度),或者玻尔兹曼常数 $k=1.38 \times 10^{-16}$ 尔格/度。

研究力学现象时,人们总是从概括图像,从选出决定所关心的量的基本因素开始的,广义上说,是从借助于最简单的方式和已经研究清楚的现象来建立所研究过程的模型开始的。正确地概括图像往往是一件困难的事,这要求研究人员具有丰

富的经验、直观的能力及对所研究过程的机理的初步定性了解。有些任务的实质就在于检验那些或多或少可能是合理的假说的正确性。

挑选出决定性的因素并深刻了解事物的相互联系和规律性的实质,是利用和控制自然现象以成功解决人类生活中提出的多种任务的基础。

物质的性质和其重要作用并支配现象的基本物理规律,是由一系列量来描述的,这些量可以是有量纲的或无量纲的,可以是变量或常量。力学系统及其运动状态是由一系列有量纲的和无量纲的参量及函数确定的。

当研究许多不同的力学系统时,总可以用相应的方式限制所允许的系统和运动的类别,使得具体的系统及其运动可由有限个有量纲的和无量纲的参量来确定。限制所允许的系统和运动的类别,这通过一些附加要求总是可以做到的,即要求固定无量纲参量和无量纲形式下问题的给定函数的类型。

量纲理论使人们可以得到由可能采用任意的或专门的量度单位制来描述物理规律所得出的结论。因此,在罗列决定一类运动的参量时,必须列出与现象的本质有关的全部有量纲的参量,而不管这些参量在实际上保持为常值还是针对该类的不同运动可以变化。重要的是,虽然有可能对于所有被研究的运动有量纲的参量都是相同的几个,但它们在不同的量度单位制中可以取不同数值。

如果问题已经用数学形式表述出来,那么总是容易列出决定现象的基本参量表。为此,需要指出所有这样的有量纲量和无量纲量,这些量对于由问题的方程确定所有未知量的数值是必要和充分的。在许多情况下,不用写出问题的方程就可以列出主定参量表。可以只确立为完全决定未知量所必需的那些因素。在建立主定参量组时,像在建立问题的方程时那样,必须对现象做出简单的概括。

然而,应用量纲理论时所需要知道的参数间的依赖关系,比起为了建立力学系统的运动方程所需要知道的要少。对于同一主定参量组,可以是不同的运动方程组。运动方程不仅表明未知量依赖于哪些参量,而且其中还隐含着所有的函数关系,正是确定这些函数关系构成了数学问题。

由这些分析显而易见,量纲理论就实质而言有其局限性。仅只靠量纲理论并不能确定无量纲量之间的函数关系。

如果利用一些正的或负的无量纲数,或用依赖于主定参量组的函数,乘以方程的各项,使运动方程改变,这时量纲理论的结论是不会改变的。然而,方程的这种形式改变可以从实质上影响物理规律的性质。

任何一个包含着对支配现象的规律所作的数学描述的方程组,都可以写成无量纲量之间的关系式,在物理规律改变时,只要它们仍然是同样那些无量纲量之间的关系式的形式,那么量纲理论的所有结论保持不变。主定参量组应具有完备性。

在主定参量中,一定要有这样的有量纲量,通过它们的量纲可以把全部因变量参量的量纲表示出来。

量纲分析与相似理论密切相关,是另一种通过实验探索流动规律的重要方法,尤其对那些很难从理论上进行分析的流动问题,优越性更为明显。在对流体流动进行量纲分析时,常用的有瑞利法和Π定理,这两种方法都是对流动中相关物理量的量纲进行分析,从而减少各量函数关系中的自变量,达到简化模型的目的。

1)瑞利法

对某一物理现象经过大量的观察、实验、分析,找出影响该物理现象的主要因素 $y$、$x_1$、$x_2$、$\cdots$、$x_n$,它们之间待定的函数关系为

$$y = f(x_1, x_2, \cdots, x_n) \tag{9-4}$$

瑞利法是用物理量 $x_1$、$x_2$、$\cdots$、$x_n$ 的某种幂次乘积的函数来表示物理量 $y$ 的,即

$$y = k x_1^{\alpha_1} x_2^{\alpha_1} \cdots x_n^{\alpha_1} \tag{9-5}$$

式中,$k$ 为无量纲系数,由实验确定;$\alpha_1$、$\alpha_2$、$\cdots$、$\alpha_n$ 为待定指数,根据量纲和谐性原理确定。

2)Π定理

量纲分析基于一个这样的事实,即在描述真实物理问题的方程中,每一项都有相同的量纲,如

$$\psi + \eta + \zeta = \phi \tag{9-6}$$

是一个物理关系,那么 $\psi$、$\eta$、$\zeta$ 和 $\phi$ 一定有相同的量纲。上述方程可以两边同时除以这四个量中的任意一个来实现无量纲化,如

$$\frac{\psi}{\phi} + \frac{\eta}{\phi} + \frac{\zeta}{\phi} = 1 \tag{9-7}$$

下面介绍量纲分析法的另一个重要定理,即Π定理,也称为布金汉(Buckingham)定理。该定理可描述为:某一物理现象与 $n$ 个物理量 $x_1$、$x_2$、$\cdots$、$x_n$ 有关,而这 $n$ 个物理量存在如下函数关系:

$$f(x_1, x_2, \cdots, x_n) = 0 \tag{9-8}$$

如果这 $n$ 个物理量的基本量纲数为 $m$,那么这 $n$ 个物理量可组合成 $n-m$ 个独立的无量纲数

$$F(\pi_1, \pi_2, \cdots, \pi_{n-m}) = 0 \tag{9-9}$$

每一个 $\pi$ 是同一组 $m$ 个物理量与另一个物理量的无量纲乘积。例如,选取 $x_1$、$x_2$、$\cdots$、$x_m$ 作为这一组 $m$ 个物理量,则

$$\pi_1 = f_1(x_1, x_2, \cdots, x_m, x_{m+1})$$
$$\pi_2 = f_2(x_1, x_2, \cdots, x_m, x_{m+2})$$
$$\vdots$$
$$\pi_{n-m} = f_{n-m}(x_1, x_2, \cdots, x_m, x_n)$$

(9-10)

Ⅱ定理在流体力学中应用很广,运用Ⅱ定理时,关键问题是如何确定独立的量纲一的数,现将方法介绍如下:

(1)若基本量纲数 $m=3$,则在这 $n$ 个物理量中选取 $m$ 个作为循环量,如选取 $x_1$、$x_2$、$x_3$。循环量选取的一般原则是:为保证几何相似,应选取一个长度变量,如直径 $d$ 或长度 $l$;为了保证运动相似,应选取一个速度变量,如 $v$;为保证动力相似,应选取一个与质量有关的物理量,如密度 $\rho$。通常这 $m$ 个循环量应包含长度 L、质量 M 和时间 T 这三个基本量纲。

(2)用这三个循环量与其他 $n-m$ 个物理量中的任一量组合成量纲一的数,这样就得到 $n-m$ 个独立的量纲一的数。

## 9.2　减阻性能参数的无量纲化

2.4.2 节已经提到,衡量减阻性能的两个基本参数是减阻百分比 $\eta$ 和能量效率 $S$,因此下面主要关注这两个参数的无量纲化。

由前几章的实验数据和数值计算结果可知,当激光脉冲频率 $f$ 足够高时,能够击穿自由来流形成准静态波,准静态波与弓形激波相互作用产生准静态流场结构时,激光减阻性能 $\eta$ 和 $S$ 与下列因素有关:钝头体直径 $D$,自由来流速度 $V_\infty$,自由来流密度 $\rho_\infty$,自由来流温度 $T_\infty$,激光注入平均功率 $P$,自由来流定压比热 $c_p$,激光注入位置与钝头体前缘的距离 $L$,流体动力黏性 $\mu$。因此,构造函数如下:

$$\eta = f(D, V_\infty, \rho_\infty, T_\infty, P, c_p, L, \mu)$$
$$S = g(D, V_\infty, \rho_\infty, T_\infty, P, c_p, L, \mu)$$

(9-11)

为了保证几何、运动、动力和能量相似,选取 $D$、$V_\infty$、$\rho_\infty$ 和 $T_\infty$ 为循环量,以 $\eta$ 为例分析,于是有

$$\pi = \frac{\eta}{D^\alpha V_\infty^\beta \rho_\infty^\gamma T_\infty^\kappa}$$

$$\pi_5 = \frac{P}{D^{\alpha_5} V_\infty^{\beta_5} \rho_\infty^{\gamma_5} T_\infty^{\kappa_5}}$$

$$\pi_6 = \frac{c_p}{D^{\alpha_6} V_\infty^{\beta_6} \rho_\infty^{\gamma_6} T_\infty^{\kappa_6}}$$

$$\pi_7 = \frac{L}{D^{\alpha_7} V_\infty^{\beta_7} \rho_\infty^{\gamma_7} T_\infty^{\kappa_7}}$$

$$\pi_8 = \frac{\mu}{D^{\alpha_8} V_\infty^{\beta_8} \rho_\infty^{\gamma_8} T_\infty^{\kappa_8}} \tag{9-12}$$

各物理量的量纲如表 9-1 所示。

**表 9-1　各物理量的量纲**

| 物理量 | $D$ | $V_\infty$ | $\rho_\infty$ | $T_\infty$ | $P$ | $c_p$ | $L$ | $\mu$ |
|---|---|---|---|---|---|---|---|---|
| 量纲 | L | $LT^{-1}$ | $ML^{-3}$ | K | $ML^2T^{-3}$ | $L^2T^{-2}K^{-1}$ | L | $ML^{-1}T^{-1}$ |

首先分析 $\pi$，因其分子分母的量纲应该相同，而 $\eta$ 的量纲为 1，故

$$L^\alpha (LT^{-1})^\beta (ML^{-3})^\gamma K^\kappa = L^{\alpha+\beta-3\gamma} T^{-\beta} M^\gamma K^\kappa = 1 \tag{9-13}$$

得到

$$\alpha = \beta = \gamma = \kappa = 0 \tag{9-14}$$

故

$$\pi = \eta \tag{9-15}$$

再分析 $P$ 的量纲，有

$$ML^2T^{-3} = L^{\alpha_5} (LT^{-1})^{\beta_5} (ML^{-3})^{\gamma_5} K^{\kappa_5} = L^{\alpha_5+\beta_5-3\gamma_5} T^{-\beta_5} M^{\gamma_5} K^{\kappa_5} \tag{9-16}$$

得到

$$\alpha_5 = 2, \quad \beta_5 = 3, \quad \gamma_5 = 1, \quad \kappa_5 = 0 \tag{9-17}$$

故

$$\pi_5 = \frac{P}{D^2 V_\infty^3 \rho_\infty} \tag{9-18}$$

然后分析 $c_p$ 的量纲，有

$$L^2T^{-2}K^{-1} = L^{\alpha_6} (LT^{-1})^{\beta_6} (ML^{-3})^{\gamma_6} K^{\kappa_6} = L^{\alpha_6+\beta_6-3\gamma_6} T^{-\beta_6} M^{\gamma_6} K^{\kappa_6} \tag{9-19}$$

得到

$$\alpha_6 = 0, \quad \beta_6 = 2, \quad \gamma_6 = 0, \quad \kappa_5 = -1 \tag{9-20}$$

故

$$\pi_6 = c_p \frac{T_\infty}{V_\infty^2} \tag{9-21}$$

分析 $L$ 的量纲，有

$$L = L^{\alpha_7} (LT^{-1})^{\beta_7} (ML^{-3})^{\gamma_7} K^{\kappa_7} = L^{\alpha_7+\beta_7-3\gamma_7} T^{-\beta_7} M^{\gamma_7} K^{\kappa_7} \tag{9-22}$$

得到

$$\alpha_7 = 1, \quad \beta_7 = 0, \quad \gamma_7 = 0, \quad \kappa_7 = 0 \tag{9-23}$$

故

$$\pi_7 = \frac{L}{D} \tag{9-24}$$

最后分析 $\mu$ 的量纲,有

$$\mu = \mathrm{L}^{\alpha_8}\ (\mathrm{LT}^{-1})^{\beta_8}\ (\mathrm{ML}^{-3})^{\gamma_8}\ \mathrm{K}^{\kappa_8} = \mathrm{L}^{\alpha_8+\beta_8-3\gamma_8}\ \mathrm{T}^{-\beta_8}\ \mathrm{M}^{\gamma_8}\ \mathrm{K}^{\kappa_8} \tag{9-25}$$

得到

$$\alpha_8 = 1, \quad \beta_8 = 1, \quad \gamma_8 = 1, \quad \kappa_8 = 0 \tag{9-26}$$

故

$$\pi_8 = \frac{\mu}{DV_\infty \rho_\infty} \tag{9-27}$$

将所有 $\pi$ 值汇总可得

$$\eta = f\left(\frac{P}{D^2 V_\infty^3 \rho_\infty}, c_p \frac{T_\infty}{V_\infty^2}, \frac{L}{D}, \frac{\mu}{DV_\infty \rho_\infty}\right) \tag{9-28}$$

当两个流动具有相似性时,其焓流也具有相似性,当在流场中注入能量时,要保证两流场的相似性,必须保证注入的能量具有相似性,因此定义无量纲能量为沉积的激光功率 $P$ 与自由流焓流 $\dot{H} = \rho_\infty c_p T_\infty V_\infty D^2$ 之比,其表达式为[3]

$$\varepsilon = \frac{P}{\dot{H}} = \frac{P}{\rho_\infty c_p T_\infty V_\infty D^2} \tag{9-29}$$

则式(9-28)化为

$$\eta = f\left(\varepsilon c_p \frac{T_\infty}{V_\infty^2}, c_p \frac{T_\infty}{V_\infty^2}, \frac{L}{D}, \frac{\mu}{DV_\infty \rho_\infty}\right) \tag{9-30}$$

马赫数和声速公式满足如下关系:

$$Ma = \frac{V_\infty}{c} = \frac{V_\infty}{\sqrt{\gamma R T_\infty}} \tag{9-31}$$

式中,$c$ 为声速;$Ma$ 为马赫数;$\gamma$ 为比热容比;$R$ 为气体常数。雷诺数公式为

$$Re = \frac{V_\infty D \rho_\infty}{\mu} \tag{9-32}$$

将式(9-31)和式(9-32)带入式(9-24),得

$$\eta = f\left(\frac{\varepsilon c_p}{\gamma R Ma^2}, \frac{c_p}{\gamma R Ma^2}, \frac{L}{D}, \frac{1}{Re}\right) \tag{9-33}$$

若研究介质为空气,则

$$\gamma = 1.4, \quad c_p = \frac{7}{2}R \tag{9-34}$$

将式(9-34)代入式(9-33)得

$$\eta = f\left(\frac{2.5}{Ma^2}\varepsilon, \frac{2.5}{Ma^2}, \frac{L}{D}, \frac{1}{Re}\right) \tag{9-35}$$

无量纲能量的系数及 $\frac{1}{Ma^2}$ 的指数可以消去,并消去 $\pi_5$ 中的 $Ma$,$Re$ 的倒数的函数与 $Re$ 的函数是一个含义,得到

$$\eta = f\left(\varepsilon, \frac{L}{D}, Ma, Re\right) \tag{9-36}$$

同理可得

$$S = f\left(\varepsilon, \frac{L}{D}, Ma, Re\right) \tag{9-37}$$

由式(9-36)和式(9-37)可得到简洁的结论:减阻性能取决于能量大小因子 $\varepsilon$、能量注入位置 $L/D$、来流马赫数 $Ma$ 和雷诺数 $Re$。

## 9.3　无量纲能量有效性的验证

假设气体为理想气体,满足克拉珀龙方程 $p_\infty = \rho_\infty R T_\infty$,来流马赫数 $Ma_\infty$ 为常值,则式(9-29)可以写成

$$\varepsilon = \frac{P}{\overset{\cdot}{H}} = \frac{P}{p_\infty c_p \sqrt{T_\infty} D^2 / \sqrt{R}} \tag{9-38}$$

下面通过模拟不同条件,验证在无量纲能量相同的情况下对减阻效果的影响是否相同。在不加说明的情况下,钝头体为直径 $D=12\text{mm}$ 的半球体,激光重复频率为 150kHz,能量沉积点距离钝头体驻点的距离 $L=D=12\text{mm}$,能量沉积区域为半径 $R=0.2\text{mm}$,高 $L=0.4\text{mm}$ 的圆柱体。模拟环境如下:静压为 $5.80\times10^4\text{Pa}$,静温为 130K,来流马赫数为 2.5。

### 9.3.1　不同压力下的减阻效果分析

由式(9-32)可知,在保持无量纲能量和其他参数不变的条件下,压力与单脉冲能量成正比。分别模拟了如表 9-2 所示的大气压力,对应的单脉冲能量如表 9-2 所示。

**表 9-2　不同环境压力对应的单脉冲能量**

| 静压/$10^4$Pa | 5.80 | 5.51 | 4.93 | 4.35 | 4.06 | 3.77 | 3.48 |
|---|---|---|---|---|---|---|---|
| 总压/MPa | 1.0 | 0.95 | 0.85 | 0.75 | 0.70 | 0.65 | 0.60 |
| 单脉冲能量 $E$/mJ | 5.00 | 4.75 | 4.25 | 3.75 | 3.50 | 3.25 | 3.00 |

减阻性能参数随压力的变化曲线如图 9-1 所示。从图中可以看出,在其他条件相同的情况下,钝头体在超声速气流中受到的波阻与压力呈线性关系。在无量纲能量相同的情况下,不同压力下减阻百分比和能量效率基本相同[4]。

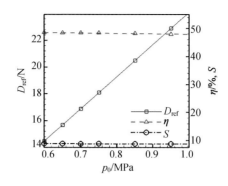

图 9-1　减阻性能参数随总压的变化规律

### 9.3.2　不同温度下的减阻效果分析

由式(9-38)可知,在保持无量纲能量和其他参数不变的条件下,能量与温度的开方呈正比。本节分别模拟了如表 9-3 所示的环境气体温度及对应的单脉冲能量。

表 9-3　不同环境气体温度对应的单脉冲能量

| 静温/K | 130 | 140 | 150 | 160 | 170 |
| --- | --- | --- | --- | --- | --- |
| 单脉冲能量 $E$/mJ | 5.00 | 5.19 | 5.37 | 5.55 | 5.72 |

无量纲能量相同的条件下,减阻参数随温度的变化曲线如图 9-2 所示。从图

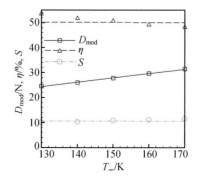

图 9-2　减阻参数随温度的变化规律

中可以看出,随着温度的变化,减阻百分比和能量效率基本不发生改变,减阻百分比保持在 50% 左右,能量效率维持在 10 左右。

### 9.3.3　不同特征尺寸的钝头体减阻效果分析

由式(9-38)可知,保持无量纲能量和其他参数不变的条件下,能量与钝头体特征尺寸 $D$ 的平方呈正比。本节分别模拟了如表 9-4 所示的钝头体尺寸,对应的单脉冲能量如表 9-4 所示。

**表 9-4　不同钝头体尺寸对应的单脉冲能量**

| $R_b$/mm | 5.0 | 6.0 | 8.0 | 10.0 | 12.0 | 16.0 | 20.0 |
|---|---|---|---|---|---|---|---|
| 单脉冲能量 $E$/mJ | 25.0 | 36.0 | 64.0 | 100.0 | 144.0 | 256.0 | 400.0 |

减阻参数随钝头体尺寸的变化曲线如图 9-3 所示。从图中可以看出,钝头体阻力与尺寸成平方关系,无量纲能量相同时对不同尺寸的钝头体减阻效果相同,减阻百分比和能量效率基本相同。

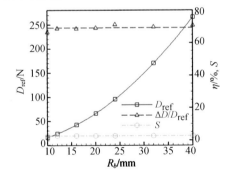

图 9-3　减阻参数随钝头体尺寸的变化规律

分析以上数值模拟结果可知,在上述条件下,当无量纲能量相同时减阻效果相同。本节建立了无量纲能量与激光能量、钝头体尺寸、环境压力和温度等参数之间的关系,拓展了激光器能量范围,统一了各种数值模拟条件和实验模拟环境,为推广或应用研究结果寻找流动规律与减阻性能之间的相似规律,为在数值计算和实验环境下模拟的激光能量沉积减阻技术具有可靠的放大性提供了可能。

## 9.4　无量纲能量参数对减阻性能的影响

由于弓形激波波阻与黏性关系不大,因此暂不考虑雷诺数 $Re$ 对激光减阻性能的影响。

### 9.4.1　无量纲能量大小对减阻性能的影响

数值计算初始条件如表 9-5 所示,取特定的马赫数和能量注入位置,研究无量纲能量大小对减阻性能的影响。

**表 9-5　冷流场初值条件**

| 压力/Pa | 温度/K | 密度/(kg/m³) | 马赫数 $Ma$ | 位置 $L/D$ |
|---|---|---|---|---|
| $5.8 \times 10^4$ | 130 | 1.5687 | 2.5 | 1 |

图 9-4 是在三种钝头体尺寸条件下,无量纲能量因子大小的提高对减阻性能的影响。从图中可以看出,随着 $\varepsilon$ 的提高,减阻百分比增大,当 $\varepsilon > 0.7$ 时,减阻百分比变化趋势放缓,维持在 69% 上下。这是因为 $\varepsilon$ 的提高导致产生了更大的等离子体团,它与弓形激波相互作用时能产生更大的涡,会使阻力的减小量更大,而当 $\varepsilon$ 足够大时,等离子体团可能已经全部覆盖钝头体,因而其减阻效果将基本保持不变。能量效率随着无量纲能量的增大而减小,当无量纲能量为 0.13 时,能量效率约为 10,当无量纲能量为 0.8 时,能量效率降低到 2 左右。$\varepsilon$ 的提高导致产生的等离子体团的体积在不断增大,形成的涡环也会更长,那么偏离钝头体轴线的涡会更多,而这部分的涡在钝头体表面的有效驻留时间会比较低,所以能量效率会逐渐减小。对于三种不同的钝头体尺寸,变化趋势是一致的,这显示了无量纲能量的有效性。

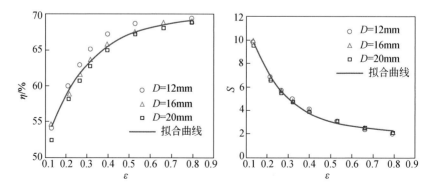

图 9-4　无量纲能量大小对减阻性能的影响

为揭示产生图 9-4 中曲线走势的产生原因,选取几个典型能量大小下的流场压力分布图作对比,如图 9-5 所示。激光能量沉积所产生的高温低密度区使得弓形激波的头部向前移动,形成斜激波,功率越高,激波角度越小,也就是说空气锥越细,钝头体受到的阻力也就越小,且功率越大,激波脱体距离也越大。

高重频激光能量引致的点爆炸波串合并形成锥形的准静态波结构,准静态波与弓形激波相互作用,引起弓形激波的变形,脱体距离增大,钝头体表面压力减小,最终降低了波阻。提高激光能量大小可使弓形激波变形更加显著,减阻百分比提高。但是提高激光能量大小并不能使钝头体表面压力分布线性地降低,而是降低幅度越来越小,最终趋于某个定值,减阻能力趋于饱和。从能量效率上讲,提高激光能量大小导致更多的激光能量损失,减阻能量效率急剧降低。

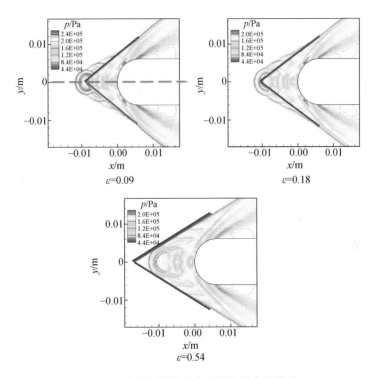

图 9-5　无量纲能量大小对压力分布的影响

将图 9-4 数据进行指数拟合,可得到

$$\eta = -29.49 e^{\frac{-\varepsilon}{0.21}} + 69.80$$
$$S = 16.52 e^{\frac{-\varepsilon}{0.17}} + 2.13$$

(9-39)

分析式(9-39),在表 9-5 的计算条件下,可以得到以下结论:

(1)当 $\varepsilon$ 趋于 0 时, $\eta$ 趋于 40.31, $S$ 趋于 18.65;当 $\varepsilon$ 趋于 ∞ 时, $\eta$ 趋于 69.80, $S$ 趋于 2.13。这意味着:减阻百分比 $\eta$ 的最低值为 40% 左右,最高值为 70% 左右;能

量效率 $S$ 的最低值为 2 左右，最高值为 18 左右。这就确定了改变能量因子大小 $\varepsilon$ 所能得到的激光减阻性能参数的大致范围。

（2）式中的指数项为 $\varepsilon$ 乘以一个系数，结合式(9-36)和式(9-37)，可知该系数很有可能是包含 $Ma$ 或 $L/D$ 的项，这就为后续进一步研究指明了方向。

（3）该式是在特定的计算条件下数据拟合得到的结论，其系数和常数项必然存在较大局限性，须在更广泛的研究中修正或者提炼更具有普遍意义的系数。

### 9.4.2 无量纲能量注入位置对减阻性能的影响

来流参数仍采用表 9-5 中的数据。平均功率 $P=1000\mathrm{W}$，马赫数 $Ma=2.5$，取直径 $D=10\mathrm{mm}$，研究了无量纲位置 $L/D$ 对减阻率的影响结果如图 9-6 所示。

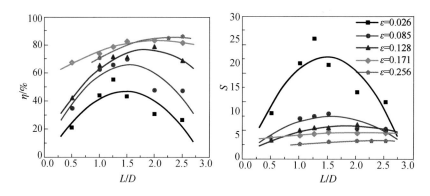

图 9-6 无量纲能量注入位置对减阻性能的影响

将图 9-6 中曲线进行一元二次方程拟合，所得到的表达形式为

$$\eta = A\left(\frac{L}{D}\right)^2 + B\left(\frac{L}{D}\right) + C \tag{9-40}$$

由式(9-40)可知，当基准阻力 $D_{\mathrm{ref}}$、来流速度 $V_\infty$ 和激光功率 $P$ 一定时，减阻率 $\eta$ 与能量效率 $S$ 成线性比例关系，比例系数与能量注入位置 $L/D$ 无关，为

$$k = \frac{S}{\eta} = \frac{D_{\mathrm{ref}}V_\infty}{P} \tag{9-41}$$

图 9-6 的拟合结果见表 9-6，其中 $\dfrac{-B}{2A}$ 即为减阻性能最优时的 $\dfrac{L}{D}$ 值，显然该值与 $\varepsilon$ 密切相关。将表 9-6 中的 $\varepsilon$ 与 $\dfrac{-B}{2A}$ 进行数据拟合，得到曲线和方程分别如图 9-7 和式(9-42)所示。

表 9-6　数据拟合结果

| 无量纲能量 $\varepsilon$ | $A$ | $B$ | $C$ | $k$ | $\dfrac{-B}{2A}$ |
|---|---|---|---|---|---|
| 0.026 | $-23.6$ | 69.3 | $-3.9$ | 0.457 | 1.47 |
| 0.085 | $-25.7$ | 79.1 | 5.1 | 0.137 | 1.54 |
| 0.128 | $-19.0$ | 70.3 | 11.9 | 0.0914 | 1.85 |
| 0.171 | $-6.5$ | 27.0 | 55.3 | 0.0686 | 2.08 |
| 0.256 | $-8.1$ | 38.1 | 41.3 | 0.0457 | 2.35 |

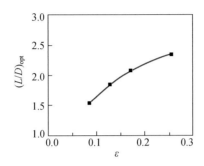

图 9-7　无量纲能量大小对能量注入优化位置的影响

$$\left(\frac{L}{D}\right)_{\text{opt}} = -2.14\mathrm{e}^{\frac{-\varepsilon}{0.13}} + 2.64 \tag{9-42}$$

分析以上结果,可以初步得到以下结论:

(1)能量注入位置 $\dfrac{L}{D}$ 对减阻性能的影响与 $\varepsilon$ 密切相关,这符合 $\Pi$ 定理的推导结果,即验证了式(9-30)和式(9-31)的预测。

(2)$\dfrac{L}{D}$ 对减阻性能的影响曲线基本符合抛物线,存在优化的能量注入位置 $\left(\dfrac{L}{D}\right)_{\text{opt}}$,当 $\varepsilon$ 趋于 $\infty$ 时,$L/D$ 趋于 2.6 左右。该结果给出了激光能量注入位置的选择方法。

为揭示上述结果产生的原因,选取三个典型能量注入位置下的流场压力和流线分布图进行对比,如图 9-8 所示。通过分析可知,图 9-6 和图 9-7 曲线产生的原因可描述为:当能量沉积位置距钝头体较近时,激光引致的准静态波强度较大,与弓形激波相互作用形成的压缩波较强,且低密度区演化发展的尺寸较小,对弓形激波和钝头体表面压力的影响范围较小,因而减阻效果不佳;若 $L/D$ 较大,则能量注入对扰动区下游参数的影响力减弱,准静态波与弓形激波相互作用强度减弱,导致钝头体表面压力降低幅度较小,减阻性能下降。在优化的能量注入位置,准静态波与弓形激波相互作用产生的回流区域面积较大,弓形激波变形也比较显著,减阻效果得到优化。因为准静态波强度与激光能量注入大小密切相关,所以激光注入位置的优化必然与激光能量大小密切相关,该关系如图9-7所示。

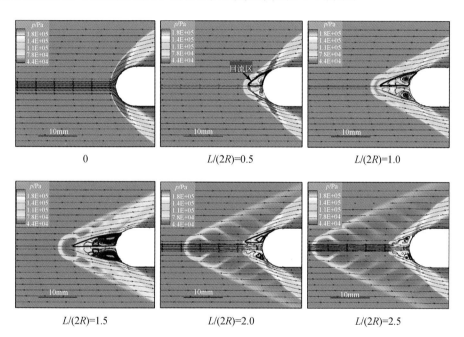

图9-8 无量纲能量注入位置大小对压力分布的影响

### 9.4.3 来流马赫数对减阻性能的影响

来流参数仍采用表9-5中的数据。平均功率$P=1000\mathrm{W}$,取直径$D=12\mathrm{mm}$,$L/D=1$,研究了马赫数分别为2.5、3、4、5、6、7、8、9和10九种情况下激光减阻效果。减阻百分比和能量效率随马赫数的变化曲线如图9-9所示。从图中可以看出:

(1)在所研究的范围内,减阻百分比随着马赫数的增加而减小,在$Ma=2.5$时,减阻百分比高达63%,而$Ma=10$时,减阻百分比只有1%左右,马赫数继续增加,减阻百分比会无限趋于0。因此,若想提高马赫数时的减阻百分比,要相应的提高注入的激光能量。

(2)能量效率的变化与减阻百分比的变化不同,能量效率与来流马赫数的关系曲线近似于抛物线。在马赫数小于 5 时,能量效率随着马赫数的增加而增加,当马赫数在 5～6 时,能量效率达到最大,约为 14,随着马赫数的进一步增大,能量效率开始下降,在 $Ma=10$ 时,能量效率下降到 7。

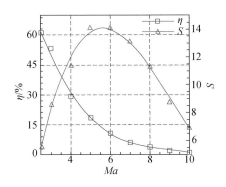

图 9-9　减阻百分比和能量效率随马赫数的变化曲线

当 $t=100\mu s$ 时,流场趋于准稳态,可以看出,在不同的来流马赫数下,形成的流场结构也有一定的区别,如图 9-10 所示(图中:第 1 列为 $Ma=3$;第 2 列为 $Ma=5$;第 3 列为 $Ma=8$)。来流马赫数较小时($Ma=3$),激波脱体距离增大,且形成了较大的回流区,钝头体表面压力显著下降。由于来流马赫数相对较小,激波传到钝头体表面所需的时间相对较长,因此,激波向外传播的距离较远,低密度区面积较大。当爆轰波传播到钝头体表面时,在 $y$ 轴方向低密度区尺寸已经大于钝头体的直径,完全把钝头体包含在其内部,而且在相同的注入激光能量条件下,来流马赫数越小,注入能量与来流内能之比越大,对弓形激波改变的强度也就越大,钝头体阻力的减小量就越大。因此,马赫数较小时,减阻百分比较大。但是,此时也正是由于低密度区尺寸大于钝头体直径,使得能量没有完全被利用,因而能量效率不高。当 $Ma=5$ 时,由于弓形激波本身强度要强于 $Ma=3$ 对应的激波强度,且在同样激光能量强度下,阻力的变化量相当,如图中所示能量作用后钝头体表面的压强相对要强,因此阻力减小百分比相对于 $Ma=3$ 有所下降。当激波到达钝头体表面时,低密度区尺寸与钝头体直径相当,因此能量效率较高,约为 14。当来流马赫数 $Ma=8$ 时,激波传播到钝头体表面时,其 $y$ 轴方向传播的距离远小于钝头体的直径,只在钝头体驻点附近压强有所下降,在激波与钝头体表面作用的两端,形成高压区,因此,钝头体的阻力减小并不多,减阻百分比只有 6% 左右,相比低马赫数严重下降。

随着来流马赫数的提高,弓形激波强度提高,改变弓形激波结构所需要的准静态波强度随之提高,因而在同样的激光能量注入大小和位置条件下,减阻百分比随着马赫数的提高而降低。对于能量效率来说,必然存在优化的马赫数值,使得激光引致的准静态波被充分利用,既不因太弱而降低波阻能力有限,又不因太强而导致能量浪费。

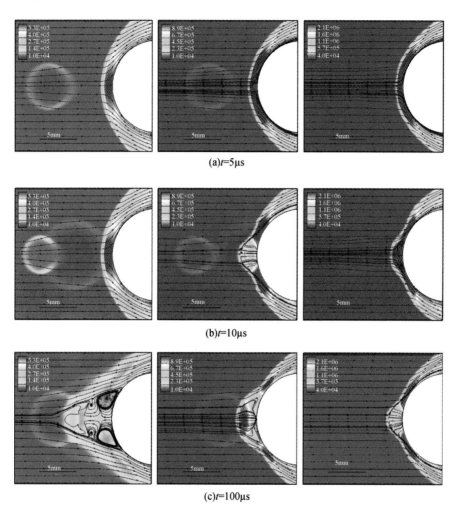

(a)$t$=5μs

(b)$t$=10μs

(c)$t$=100μs

图 9-10  来流马赫数对压力分布的影响

## 参 考 文 献

[1]罗惕乾,程兆雪,谢永曜,等. 流体力学[M]. 北京:机械工业出版社,2007.

[2]谢多夫. 力学中的相似方法与量纲理论[M]. 沈青,倪锄非,李维新译. 北京:科学出版社,1982.

［3］Skvotrsov V,Kuznetsov Y. Consequences of heat concept of electrical discharge influence on aerodynamic characteristics for comparative experiments in aerodynamics ［R］. AIAA,2001:3051.

［4］方娟. 激光空气锥减小超声速飞行器波阻的方法研究［D］. 北京:装备学院博士学位论文,2012.

# 索　引